青少年科技创新丛书

S4A和
互动媒体技术

谢作如　著

U0363832

清华大学出版社
北　京

内 容 简 介

互动媒体技术也称多媒体互动技术,其关注的是计算机和外界环境的信息互动。科技馆展厅中常见的电子鱼缸、互动投影、虚拟翻书和 4D 影院等科普项目,正是典型的互动媒体作品,体现了科技和艺术相结合的神奇魅力。S4A 是 Scratch 的修改版本,它提供了对 Arduino 和 Andriod 的支持。使用 S4A,只要拖曳图标,就能编写出交互功能强大的媒体作品。通过本书,不仅可以学习到门槛极低的人机互动技术,还可以理解并体验智能家居和物联网等高新技术。

本书适合对互动媒体技术或者互动装置艺术感兴趣的初学者,也适合对科技制作、硬件编程感兴趣的中小学生。

图书在版编目(CIP)数据

S4A 和互动媒体技术/谢作如著.--北京:清华大学出版社,2014(2019.6 重印)
(青少年科技创新丛书)
ISBN 978-7-302-34398-1

Ⅰ.①S… Ⅱ.①谢… Ⅲ.①软件工具-程序设计-青年读物 ②软件工具-程序设计-少年读物 Ⅳ.①TP311.56-49

中国版本图书馆 CIP 数据核字(2013)第 273103 号

责任编辑:帅志清
封面设计:刘 莹
责任校对:袁 芳
责任印制:丛怀宇

出版发行:清华大学出版社
   网 址:http://www.tup.com.cn,http://www.wqbook.com
   地 址:北京清华大学学研大厦 A 座   邮 编:100084
   社 总 机:010-62770175   邮 购:010-62786544
   投稿与读者服务:010-62776969,c-service@tup.tsinghua.edu.cn
   质量反馈:010-62772015,zhiliang@tup.tsinghua.edu.cn
印 装 者:山东润声印务有限公司
经 销:全国新华书店
开 本:185mm×260mm   印 张:11.5   字 数:259 千字
版 次:2014 年 4 月第 1 版   印 次:2019 年 6 月第 3 次印刷
定 价:50.00 元

产品编号:051078-02

《青少年科技创新丛书》
编　委　会

序 （1）

吹响信息科学技术基础教育改革的号角

（一）

　　信息科学技术是信息时代的标志性科学技术。 信息科学技术在社会各个活动领域广泛而深入的应用，就是人们所熟知的信息化，它是 21 世纪最为重要的时代特征。 作为信息时代的必然要求，它的经济、政治、文化、民生和安全都要接受信息化的洗礼。 因此，生活在信息时代的人们都应当具备信息科学的基本知识和应用信息技术的基础能力。

　　理论和实践都表明，信息时代是一个优胜劣汰、激烈竞争的时代。 谁最先掌握了信息科学技术，谁就可能在激烈的竞争中赢得制胜的先机。 因此，对于一个国家来说，信息科学技术教育的成败优劣，就成为关系到国家兴衰和民族存亡的根本所在。

　　同其他学科的教育一样，信息科学技术的教育也包含基础教育和高等教育这样两个相互联系、相互作用、相辅相成的阶段。 少年强则国强，少年智则国智。 因此，信息科学技术的基础教育不仅具有基础性意义，而且具有全局性意义。

（二）

　　为了搞好信息科学技术的基础教育，首先需要明确： 什么是信息科学技术？ 信息科学技术在整个科学技术体系中处于什么地位？ 在此基础上，明确： 什么是基础教育阶段应当掌握的信息科学技术？

　　众所周知，人类一切活动的目的归根结底就是要通过认识世界和改造世界，不断地改善自身的生存环境和发展条件。 为了认识世界，就必须获得世界（具体表现为外部世界存在的各种事物和问题）的信息，并把这些信息通过处理提炼成为相应的知识； 为了改造世界（表现为变革各种具体的事物和解决各种具体的问题），就必须根据改善生存环境和发展条件的目的，利用所获得的信息和知识，制定能够解决问题的策略并把策略转换为可以实践的行为，通过行为解决问题、达到目的。

　　可见，在人类认识世界和改造世界的活动中，不断改善人类生存环境和发展条件这个目的是根本的出发点与归宿，获得信息是实现这个目的的基础和前提，处理信息、提炼知识和制定策略是实现目的的关键与核心，而把策略转换成行为则是解决问题、实现目的的最终手段。 不难明白，认识世界所需要的知识和改造世界所需要的策略，以及执行策略的行为是由信息加工分别提炼出来的产物。 于是，确定目的、获得信息、处理信息、提炼知识、制定策略、执行策略、解决问题、实现目的，就自然地成为了信息

科学技术的基本任务。

这样，信息科学技术的基本内涵就应当包括：（1）信息的概念和理论；（2）信息的地位和作用，包括信息资源与物质资源的关系以及信息资源与人类社会的关系；（3）信息运动的基本规律与原理，包括获得信息、传递信息、处理信息、提炼知识、制定策略、生成行为、解决问题、实现目的的规律和原理；（4）利用上述规律构造认识世界和改造世界所需要的各种信息工具的原理和方法；（5）信息科学技术特有的方法论。

鉴于信息科学技术在人类认识世界和改造世界活动中所扮演的主导角色，同时鉴于信息资源在人类认识世界和改造世界活动中所处的基础地位，信息科学技术在整个科学技术体系中显然应当处于主导与基础双重地位。信息科学技术与物质科学技术的关系，可以表现为信息科学工具与物质科学工具之间的关系：一方面，信息科学工具与物质科学工具同样都是人类认识世界和改造世界的基本工具；另一方面，信息科学工具又驾驭物质科学工具。

参照信息科学技术的基本内涵，信息科学技术基础教育的内容可以归结为：（1）信息的基本概念；（2）信息的基本作用；（3）信息运动规律的基本概念和可能的实现方法；（4）构造各种简单信息工具的可能方法；（5）信息工具在日常活动中的典型应用。

（三）

与信息科学技术基础教育内容同样重要甚至更为重要的问题是要研究：怎样才能使中小学生真正喜爱并能够掌握基础信息科学技术？其实，这就是如何认识和实践信息科学技术基础教育的基本规律的问题。

信息科学技术基础教育的基本规律有很丰富的内容，其中的两个重要问题：一是如何理解中小学生的一般认知规律，一是如何理解信息科学技术知识特有的认知规律和相应能力的形成规律。

在人类（包括中小学生）一般的认知规律中，有两个普遍的共识：一是"兴趣决定取舍"，一是"方法决定成败"。前者表明，一个人如果对某种活动有了浓厚的兴趣和好奇心，他就会主动、积极地去探寻奥秘；如果没有兴趣，他就会放弃或者消极应付。后者表明，即使有了浓厚的兴趣，但是如果方法不恰当，最终也会导致失败。所以，为了成功地培育人才，激发浓厚的兴趣和启示良好的方法都非常重要。

小学教育处于由学前的非正规、非系统教育转为正规的系统教育的阶段，原则上属于启蒙的教育。在这个阶段，调动兴趣和激发好奇心理更加重要。中学教育的基本要求同样是要不断调动学生的学习兴趣和激发他们的好奇心理，但是这一阶段越来越重要的任务是要培养他们的科学思维方法。

与物质科学技术学科相比，信息科学技术学科的特点是比较抽象、比较新颖。因此，信息科学技术的基础教育还要特别重视人类认识活动的另一个重要规律：人们的认识过程通常是由个别上升到一般，由直观上升到抽象，由简单上升到复杂。所以，从个别的、简单的、直观的学习内容开始，经过量变到质变的飞跃和升华，才能掌握一般的、抽象的、复杂的学习内容。 其中，亲身实践是实现由直观到抽象过程的良好途径。

综合以上几方面的认知规律，小学的教育应当从个别的、简单的、直观的、实际的、有趣的学习内容开始，循序渐进，由此及彼，由表及里，由浅入深，边做边学，由低年级到高年级，由小学到中学，由初中到高中，逐步向一般的、抽象的、复杂的学习内容过渡。

（四）

我们欣喜地看到，在信息化需求的推动下，信息科学技术的基础教育已在我国众多的中小学校试行多年。 感谢全国各中小学校的领导和教师的重视，特别感谢广大一线教师们坚持不懈的努力，克服了各种困难，展开了积极的探索，使我国信息科学技术的基础教育在摸索中不断前进，取得了不少可喜的成绩。

由于信息科学技术本身还在迅速发展，人们对它的认识还在不断深化。 由于"重书本"、"重灌输"等传统教育思想和教学方法的影响，学生学习的主动性、积极性尚未得到充分发挥，加上部分学校的教学师资、教学设施和条件也还不够充足，教学效果尚不能令人满意。 总之，我国信息科学技术基础教育存在不少问题，亟须研究和解决。

针对这种情况，在教育部基础司的领导下，我国从事信息科学技术基础教育与研究的广大教育工作者正在积极探索解决这些问题的有效途径。 与此同时，北京、上海、广东、浙江等省市的部分教师也在自下而上地联合起来，共同交流和梳理信息科学技术基础教育的知识体系与知识要点，编写新的教材。 所有这些努力，都取得了积极的进展。

《青少年科技创新丛书》是这些努力的一个组成部分，也是这些努力的一个代表性成果。 丛书的作者们是一批来自国内外大中学校的教师和教育产品创作者，他们怀着"让学生获得最好教育"的美好理想，本着"实践出兴趣，实践出真知，实践出才干"的清晰信念，利用国内外最新的信息科技资源和工具，精心编撰了这套重在培养学生动手能力与创新技能的丛书，希望为我国信息科学技术基础教育提供可资选用的教材和参考书，同时也为学生的科技活动提供可用的资源、工具和方法，以期激励学生学习信息科学技术的兴趣，启发他们创新的灵感。 这套丛书突出体现了让学生动手和"做中学"的教学特点，而且大部分内容都是作者们所在学校开发的课程，经过了教学实践的检验，具有良好的效果。 其中，也有引进的国外优秀课程，可以让学生直接接触世界先进的教育资源。

笔者看到，这套丛书给我国信息科学技术基础教育吹进了一股清风，开创了新的思路和风格。 但愿这套丛书的出版成为一个号角，希望在它的鼓动下，有更多的志士仁人关注我国的信息科学技术基础教育的改革，提供更多优秀的作品和教学参考书，开创百花齐放、异彩纷呈的局面，为提高我国的信息科学技术基础教育水平作出更多、更好的贡献。

钟义信

2013 年冬于北京

序 （2）

探索的动力来自对所学内容的兴趣，这是古今中外之共识。 正如爱因斯坦所说：一个贪婪的狮子，如果被人们强迫不断进食，也会失去对食物贪婪的本性。 学习本应源于天性，而不是强迫地灌输。 但是，当我们环顾目前教育的现状，却深感沮丧与悲哀：学生太累，压力太大，以至于使他们失去了对周围探索的兴趣。 在很多学生的眼中，已经看不到对学习的渴望，他们无法享受学习带来的乐趣。

在传统的教育方式下，通常由教师设计各种实验让学生进行验证，这种方式与科学发现的过程相违背。 那种从概念、公式、定理以及脱离实际的抽象符号中学习的过程，极易导致学生机械地记忆科学知识，不利于培养学生的科学兴趣、科学精神、科学技能，以及运用科学知识解决实际问题的能力，不能满足学生自身发展的需要和社会发展对创新人才的需求。

美国教育家杜威指出：成年人的认识成果是儿童学习的终点。 儿童学习的起点是经验，"学与做相结合的教育将会取代传授他人学问的被动的教育"。 如何开发学生潜在的创造力，使他们对世界充满好奇心，充满探索的愿望，是每一位教师都应该思考的问题，也是教育可以获得成功的关键。 令人感到欣慰的是，新技术的发展使这一切成为可能。 如今，我们正处在科技日新月异的时代，新产品、新技术不仅改变我们的生活，而且让我们的视野与前人迥然不同。 我们可以有更多的途径接触新的信息、新的材料，同时在工作中也易于获得新的工具和方法，这正是当今时代有别于其他时代的特征。

当今时代，学生获得新知识的来源已经不再局限于书本，他们每天面对大量的信息，这些信息可以来自网络，也可以来自生活的各个方面：手机、iPad、智能玩具等。新材料、新工具和新技术已经渗透到学生的生活之中，这也为教育提供了新的机遇与挑战。

将新的材料、工具和方法介绍给学生，不仅可以改变传统的教育内容与教育方式，而且将为学生提供一个实现创新梦想的舞台，教师在教学中可以更好地观察和了解学生的爱好、个性特点，更好地引导他们，更深入地挖掘他们的潜力，使他们具有更为广阔的视野、能力和责任。

本套丛书的作者大多是来自著名大学、著名中学的教师和教育产品的科研人员，他们在多年的实践中积累了丰富的经验，并在教学中形成了相关的课程，共同的理想让我们走到了一起，"让学生获得最好的教育"是我们共同的愿望。

S4A 和互动媒体技术

本套丛书可以作为各校选修课程或必修课程的教材，同时也希望借此为学生提供一些科技创新的材料、工具和方法，让学生通过本套丛书获得对科技的兴趣，产生创新与发明的动力。

丛书编委会

2013 年 10 月 8 日

8

序 （3）

编程比通常所想更为复杂。 从事计算机编程的人学习计算机语言，一般要遵循语言规范并阅读手册，但这些并非他们所做的全部。 首先，程序员要以一种可靠的方式思考。 他或她要认识到我们的逻辑与解决问题的思考过程，并将之简化为优雅的算法。 程序员必须清晰地思考，并要比普通人更加深入地理解问题。 他或她还必须将这些想法以非常精确和详尽的方式与简单沉默的机器沟通，绝不能含糊。 这种思维方式被卡内基梅隆大学的周以真教授（Jeannette Wing）称为"计算思维（Computational Thinking）"：

> "计算思维是种思考过程，它涉及将问题与解答公式化，并表达为能由一台信息处理终端有效执行的格式。"

我再详细地解释一下。 当我们谈到编程的时候，往往将这个过程看成是真实世界的一种仿真，尽管在很多人看来这是一个计算机中模拟的世界。 但是，我觉得并没有必要将头脑中构想的设计和现实的生活严格地区分开来，尤其是在制作一个模拟真实世界的简单程序的时候，这一点尤为重要：将想法当现实。 因此，编程并不是一个简单的"砌代码墙"的工作，而是呈现了一种新的认识世界的方式。 尽管有些人觉得这种观点并没有什么新鲜的，但是它的的确确告诉了我们一种科学地认识世界的方法。 从这一点看，计算机编程学习毫无疑问地推广了这种理解世界的方式。 这种方式，至少在我看来是正确并且是必须的。

不管出于何种原因，麻省理工学院和施乐帕克研究中心的老黑客们在 20 世纪 80 年代就清楚地认识到编程不仅仅是给计算机下指令。 20 年后，Abelson 和 Sussman 引入了程序化认识论的概念。

> 我们对这门学科的方法是基于一种信念：计算机科学不是一门科学。它的重要意义几乎和计算机本身无关。计算机革命是关于思考方式以及如何表达思考内容的革命。这场变革的实质是被称为"程序化认识论"概念的浮现。这是从规则角度对知识结构的研究，与经典数学学科更倾向于从陈述角度出发完全不同。数学提供了精确处理"是什么"的概念框架，而计算提供的是精确处理"怎么做"的概念框架。

H. Abelson & G. J. Sussman

《计算机程序结构与解释》（第二版）

MIT Press，1996

"一场思考方式与如何表达思考内容的革命"是其要点。 如果我们在最开始，也就是在学校教育阶段，在开始教育学生如何思考的时候，就传播这种革命性的思考方式，并坚持这种理念十分重要，将非常有效。 20 世纪 60 年代，作为构成学习方法的一部分，Seymour Papert 认为教小孩编程是很好的想法。 他为了引导孩子如何更轻松地处理问题与挑战的任务，发明了现在十分有名的编程语言——LOGO。 同时，在 70 年代施乐帕克研究中心小组也主动用 Smalltalk 编程语言去教高年级儿童编程。

因此，关于思考方式的传播与普遍性改变应该是意料之中的事情，因为从这个想法诞生起已经有 30 年了，况且现在很多发达国家的人拥有多台计算机并经常使用。 但事实并非如此。 让我们引用一段 Alan Kay 的话：

> 人们确实可以争辩,就像我有时做的那样：商业个人电脑和操作系统的成功实际上导致很多方面严重倒退。因为商业计算传播的速度远比教育无知的人们的速度要快得多,你可以把它想象为从"60 年代和 70 年代"以来,有一个低通过滤器安装在一些优秀的思想里(阻止了优秀思想的传播)。

Alan Kay

Stuart Feldman 采访

Queue 2(5)，pp. 20～30，2005

所以，关于思考方式革命的承诺并未兑现。

无论如何，我们仍然相信致力于教小孩计算机编程，并将其作为传播计算思维的一部分是很重要的。 这就是为什么我们(Joan Güell、José García 和我自己)从 2008 年 2 月开始在 Cornellà-Barcelona 的一个实验室教授 Scratch(我们也教 Botsinc 和 Squeak，这些都是基于 Smalltalk 的)。 在相同的项目里，Marco A.Rodriguez 教授 Arduino 和 Processing。 我们也和 Catalonia 当地政府紧密合作将 Scratch 和 Squeak 囊括在小学和中学使用的 Linux 发行版本里。 同时，我们也在公共教育系统里推广使用 Scratch 和 Squeak。

2009 年秋天，我们开始认识到结合真实的项目和真实的硬件，能大大提高小孩子学习编程的兴趣。 我们认为最佳方法是将最好的开源硬件平台 Arduino 与最好的学习、实践计算思维的工具 Scratch 结合在一起。 这个方向的第一步是由 Marina Conde 在她的信息技术学位项目中，用 Smalltalk Pharo 控制 Arduino 板。 在 Victor Casado (现在是 S4A 维护者)的帮助下，我们研究 Scratch 的核心，实现 Squeak 2.8。 经过几个月的辛苦工作，我们让第一版本的 S4A(Scratch for Arduino)工作起来。 最后实现支持多平台应用(Windows、Linux 和 Mac)，我们得到 Jorge Gómez 的帮助，解决了一些令人头疼的 Linux 驱动问题。

这就是 S4A 的故事。

幸运的是 S4A 大受欢迎。 现在 S4A 拥有一些活跃的国际性社区，我们深深地感谢他们的工作。 他们使用 S4A 搭建了大量有趣、好玩的项目与系统，正如谢作如老师这本《S4A 和互动媒体技术》所写的。 这些项目能激发孩子的想象力，并启迪创新思维。

　　还记得 2009 年圣诞假期，我和一些参加 Citilab 举办的 Scratch 课程班学习的小孩的对话。 一个非常喜欢 Scratch 的秘鲁女孩，不超过 10 岁，我们问到她长大了想做什么。

　　"一个计算机科学家吗？" 我们说。

　　"不，我想做一名医生。" 她回答。

　　随后，我们稍带夸张地打量她，"那么关于 Scratch 和编程的所有内容，对你来说是浪费时间的吗？"

　　"不，" 她说，"我很感谢从这里所学的，能让我成为一名与众不同的医生。"

　　她已彻底领悟。

Jordi Delgado（西班牙加泰罗尼亚理工大学软件系）

前言

为什么要写这本书

"学生喜欢电脑，但不喜欢信息技术课。"——2006年，上海师大黎加厚教授在博客中写下这句话。

学生为什么不喜欢信息技术课？ 黎教授认为，现行的信息技术课程内容和教学方法存在问题： 教材上讲的是学生们已经会的，学生不会的和社会生活中需要的知识技能，教材上没有。 信息技术飞速发展，层出不穷的新技术、新软件、新服务向人们涌来，造成"新课程不新"的永恒的滞后现象。

我曾经把信息技术课程方面的问题分为三类： 为什么教、教什么和怎么教。 "教什么"的问题，其实直接影响了学生对课程的兴趣程度。 拿什么课程内容来吸引学生，然后让他们爱上技术？ 这几年来我一直在思考这一问题，并开发了一门名为"互动媒体技术"的课程，试图在课程建设方面有所突破。 本书就是"互动媒体技术"课程的最重要成果之一。

互动媒体是一个全新的领域，一般称为互动式多媒体、交互式多媒体或者互动多媒体。 2010年的上海世博会，标志着我国新媒体艺术方面进入了成熟期。 但人们对互动媒体的关注，主要是其媒体内容和艺术表现力，很少关注其背后的支撑技术。 在高校尚且很少看到类似的课程，且不要说基础教育了。 在我国当前的课程体系中，像互动媒体技术一样同时涉及软、硬件的综合技术是空白的。 技术的浅薄，是基础教育课程的通病，从高中课程内容中可以管窥： 通用技术课上学做凳子，信息技术课上学信息搜索。 于是，在世博会和一些科技馆中，学生面对互动媒体作品只会一脸惊喜，却不知道这些作品是如何运行的。 "互动媒体技术"课程的开发，就是基于这样的背景。

"互动媒体技术"课程的开发并不是一帆风顺的，在找硬件和软件平台方面，耗去了我很多精力。 直到后来发现了 Arduino 和 Scratch。 其实 Arduino 的诞生和互动媒体有着千丝万缕的关系，Massimo Banzi 和 David Cuartielles 本来就是为了让从事互动设计的学生容易掌握单片机技术而开发的。 Scratch 的设计更是"天才"，让编程和游戏一样有趣。 就这样，Arduino 提供了廉价且功能强大的硬件，Scratch 则将编程的门槛降到最低。 来自西班牙加泰罗尼亚的 Citilab 团队将二者完美地结合在一起，推出了 S4A。 S4A 为我们的学生开启了互动媒体技术的大门！

纵观国内 Scratch 的教学现状，更多的老师仅仅把 Scratch 作为学生编写小游戏的工具。 在一些场合，Scratch 爱好者会很谨慎地表示，Scratch 非常适合小学生。 初、高中为什么不能用？ 2011 年，我在全国高中优质课展评活动中，用 Scratch 上了一节"用计算机程序解决问题"的信息技术课。 有听课的专家就表示在高中阶段使用图形化编程过于简单。 也许他不知道，越来越多的图形化编程语言（G 语言）在涌现，除 Scratch 外，LabView、App Inventor、blockly、Sikuli 都受到很多人的欢迎。 在某些高校的工科课程中，常常可以看到图形化编程语言的身影。

我一直认为，编程不应该仅仅属于专业程序员的专利，一些艺术、科学领域的人士，也应该能够拿起某个简单的编程工具，写个小程序，表达自己的创意或者解决某个问题。 所幸的是，这几年面向"非专业"人士的编程工具越来越多了，如 Processing，一款专为设计师和艺术家设计的编程语言。 再如 App Inventor 和 AppArchitect，能够用图形化的方式给 Android 和 IOS 编写 App。 其实，在我们的学生中，将来真正从事程序编写工作的也不过是其中极小的一部分。 技术教育是普及教育，而不是仅仅为了培养某几个精英。

2011 年，一个新的教育名词——STEM（Science, Technology, Engineering and Mathematics，科学、技术、工程和数学)引起我的关注。 STEM 教育是一个多学科交叉的研究领域，强调把学生学习到的零碎知识与机械过程转变成一个探究世界相互联系的不同侧面的过程。 一个 STEM 课堂的特点就是在"杂乱无章"的学习情境中强调学生的设计能力、批判性思维和问题解决能力。 这种复杂的学习情境包含了多种学科，强调综合技术的应用。 "互动媒体技术"课程以培养学生 STEM 素养为目标，以研究互动媒体作品的支撑技术为教学内容，通过一系列的互动媒体实验，把新奇创意变身为现实。相对于大家熟悉的智能机器人课程来说，互动媒体技术侧重于通信和媒体展示，即人机互动。 从技术门槛上看，互动媒体技术关注外设和计算机的交互，技术门槛较低，趣味性更强，不仅适合具有科技特长的学生，也适合在艺术上有特长的学生学习。

2012 年，正是创客(makers)、3D 打印机、新工业革命等名词在悄悄酝酿并发酵的年份，各种关于 Scratch、Arduino 的书籍纷纷出版。 我受到吴俊杰老师的"怂恿"，第一次有了为 S4A 写本书的冲动。 在他的引荐下，有幸认识了北京郑剑春老师（清华大学出版社《青少年科技创新丛书》编委会负责人），很快就确定了本书的定位和大纲。

本书从构思到成稿，差不多十个月时间。 在此期间，我也经历了"十月怀胎"的惶恐、阵痛和喜悦。 本书偏重互动媒体技术，在艺术方面并没有任何可圈可点之处，又担心在技术上存在纰漏或者错误，不免诚惶诚恐。 此外，工作上的繁忙，只能在深夜坚持写稿，不可不谓之"痛"。 而众多同行的期待和鼓励，也让我从内心感到满足而喜悦。

希望阅读本书，能让您感到愉快并有所启发！

读者对象

艺术为科技提供想象和创造的空间，科技为艺术提供了实现梦想的方法，互动媒体是科技和艺术相结合的学习领域，具有神奇的魅力。 所有对互动媒体感兴趣的人都可以阅读本书，不管是小学生、中学生还是在校大学生，或者是对科技动手感兴趣的教师、家长。 当然，如果你学过 Scratch 编程，或者折腾过 Arduino 硬件，更应该看看这本书，从中可以获得一定的启发和灵感。 本书具体的读者对象如下：

第一类： 中小学生。 可以在老师的指导下学习，也可以自学。 但是，请别停止脚步，更精彩的互动媒体世界等你探索。

第二类： 在校大学生。 希望非计算机专业的大学生学习本书，艺术专业的学生可以把本书当作"互动装置艺术"的入门书籍。 尤其希望将来从事技术教育的计算机专业、教育技术专业的大学生学习本书，为你未来的岗位做点积极的准备。

第三类： 教师。 正在从事技术课程教学或者综合实践活动课程教学的老师，这本书会给您带来新的教学思路。

第四类： 家长。 重视家教，喜欢和孩子做点亲子项目的家长，可以对照这本书自学，您的孩子会对您刮目相看的。

第五类： 入门级创客。 创客不是谁的专利，也不是技术很厉害的人才能叫作创客。 努力把各种创意转变为现实的人，就是创客。

如何阅读本书

本书共分为七章，分别介绍如下：

第 1 章概述了互动媒体和互动媒体技术的发展现状，结合经典的互动媒体作品分析了"互动"原理和工作流程，并罗列了常见的软硬件创作平台。

第 2 章介绍 S4A 的基本语法，用一个"大鱼吃小鱼"的范例，贯穿整章的学习，如舞台、角色、造型、事件、广播和变量等基础知识。 如果你已经具备了 Scratch 的基础，可以直接跳过。

第 3 章介绍 Arduino UNO 和一些周边的扩展板、传感器、执行器等电子积木，包括这些电子积木如何和 Arduino 连接，以及 Arduino 和计算机的连接。

第 4 章通过多个范例介绍使用 S4A 制作互动项目，从输入、输出到互动，由浅入深。 最后通过对 S4A 固件的研究，分析 S4A 和 Arduino 的互动协议。

第 5 章围绕"智能家居"的话题，介绍如何使用 S4A 控制 220V 的家用电器，具体介绍了继电器安全插座的制作过程，并讲解利用超再生遥控套件，把普通的家用电器改造为可遥控电器的过程。 经过本章的学习后，你就可以设计大型的互动作品，开始像个创客了！

第 6 章介绍物联网，主要分析了 S4A 的远程传感器功能，并结合范例，实现了 S4A 和浏览器、智能手机之间的互动。 让你能近距离接触物联网技术，并能做出一个简单的物联网模型。

第 7 章介绍 Processing，不仅介绍了 Processing 和 Arduino 的互动作品，还结合一个摄像头识别程序，让 S4A 支持简单的手势识别，并编写了一个小游戏。

本书的附录 A 以 Sensors2S4A 为范例，介绍了用 MIT App Inventor 开发手机 APP 的一般过程。 Sensors2S4A 的功能是将手机的传感器信息发送给 S4A。 如果你对手机 App 开发感兴趣，很有必要阅读。 附录 B 则罗列了本书涉及的所有硬件设备，供读者参考。

勘误和支持

由于本书是国内第一本关于 S4A 和互动媒体技术的书籍，可参照的资源非常少。加上作者水平有限，时间仓促，书中难免出现一些错误或者表述不准确的地方，恳请读者批评指正。书中全部源文件和涉及的软件都可以在作者的博客中下载(博客地址：Http://blog.sian.com.cn/xiezuoru)。部分工具还会继续更新。欢迎发送邮件到 xiezuoru @ vip.qq.com，期待得到你们真挚的反馈。

致谢

首先感谢 MIT 团队、Arduino 团队和 Citilab 团队，是他们创造了这些伟大的工具。尤其感谢 Citilab 团队的 Jordi Delgado 教授为本书撰写了精彩的序。

感谢郑剑春和李梦军老师，你们给了我参与编写这套丛书的机会，并在编写过程中耐心指导我。

感谢李艺、余胜泉、苗逢春、陈美玲、魏雄鹰、蒋莘、邱伟杰、柳栋等老师，你们的肯定和鼓励，使我有信心深入研究互动媒体技术，并开发了选修课程。

感谢李大维（上海创客空间新车间的创始人）、钟柏昌、梁森山、王玥林、武健、魏宁、吴俊杰、管学涡、叶琛、俞中坚、于欣龙等好朋友，你们给我很多的技术指导和精神支持。尤其是俞中坚博士，帮我翻译了英文版的序。

感谢郑祥和程陶奕同学，你们帮我认真审稿，找出了很多错误，并整理了本书的附录。

最后感谢我的儿子谢集，书中很多案例都是和你一起做出来的，是你对 Scratch 的喜欢，才让我下定决心研究 Scratch，并编写了本书。

编　者

2014 年 1 月

目 录

第1章　互动媒体技术概述

你去过科技馆吗？你参观过上海世博会吗？在科技馆中常见的电子鱼缸、互动投影、虚拟翻书和4D影院等科普观赏项目，正是采用互动媒体技术构建的，它们体现出科技和艺术相结合的神奇魅力。在本章中，我们要了解互动媒体，通过对互动媒体作品的欣赏和分析，感受互动媒体技术。

1.1　互动媒体和互动媒体技术

1.1.1　什么是互动媒体

2010年，上海世博会的德国展馆提供了一项非常精彩的娱乐活动——"动力之源"。这个活动在一个锥体形状的展厅中呈现。参观者们可以与展厅内的巨大金属球进行互动。金属球悬挂在展厅中央，表面浮动着多种图像和色彩。进入大厅的参观者被分为两组一起呼喊。金属球将移向呼声更大、更整齐的那一组，其表面的图案和色彩也会发生相应的变化，如图1-1所示。

图 1-1　"动力之源"运行效果

通过上面对"动力之源"作品的介绍，我们可以发现，互动媒体和传统媒体的最大区别在于"交互"。传统媒体如纸质、电视、广播等，只是完成传播信息的任务，观众只能单向、被动地接受信息，无法进行双向性的交流、沟通，缺乏交互性。随着信息技术的广泛应用，人们通过键盘、鼠标、麦克风、传感器、摄像头和数据手套等外围输入设备，并且与相应的软件配合，就可以实现人机交互的功能。在此背景下，互动媒体应运而生。

互动媒体（Interactive Media）又称互动多媒体、互动式多媒体。它是在传统媒体的基础上加入了交互功能，通过交互行为并以多种感官来呈现信息的一种崭新的媒介形式。观众不仅可以看得到、听得到，还可以触摸到、感觉到、闻到，而且可以与之相互作用，带给人们全新的体验，是一种崭新的媒介形式。这种使用计算机交互式综合技术和数字通信网络技术处理多种媒体而集成的交互系统，概括地称为"互动媒体"，被广泛应用在各类展厅中，如博物馆、科技馆、企业展厅等。2010 年，以互动媒体技术为核心的上海世博会，标志着我国在互动媒体方面进入了成熟阶段。那些光怪陆离的奇幻世界，激发了青少年的好奇心和求知欲。

小提示：什么是媒体？

"媒体"一词来源于拉丁语"Medium"，音译为媒介，意为两者之间。它是指信息在传递过程中，从信息源到受信者之间承载并传递信息的载体和工具。我们也可以把媒体看作实现信息从信息源传递到受信者的一切技术手段。媒体有两层含义：一是指承载信息的物体；二是指储存和传递信息的实体。

1.1.2 互动媒体和新媒体、数字媒体的关系

互动媒体是一个新生的名词，它与新媒体、数字媒体这些常常看到的名词有什么关系呢？下面简要做一下辨析。

"新媒体（New Media）"是相对于"旧媒体"而言的，是一个不断变化的概念，可以认为是依附于新技术之上的信息传播手段。根据清华大学新闻与传播学院熊澄宇教授的观点，新媒体是"在计算机信息处理技术基础上出现和影响的媒体形态"，泛指利用计算机（计算及资讯处理）及网络（传播及交换）等新科技，对传统媒体的形式、内容及类型所产生的质变。

数字媒体（Digital Media）是指以二进制数的形式记录、处理、传播和获取过程的信息载体。这些载体包括数字化的文字、图形、图像、声音、视频影像和动画等感觉媒体，以及表示这些感觉媒体的表示媒体（通称为逻辑媒体）等，还有存储、传输、显示逻辑媒体的实物媒体。通常意义下所称的数字媒体，常常指感觉媒体。

互动媒体和新媒体、数字媒体三者中范围最大的应该是"新媒体"，无论哪个时代，新媒体始终指代当时处于前沿的媒体力量。其次是数字媒体，它是我们现在所处时代的"新媒体"。范围最小的是互动媒体，它是数字媒体重要的"交互分支"，是一种特殊的信息传播媒介。互动媒体和新媒体、数字媒体的关系如图 1-2 所示。

图 1-2 互动媒体和新媒体、数字媒体的关系

1.1.3 互动媒体和数码游戏、互动装置艺术的关系

相对而言，"数码游戏"一词已经深入人心，互动装置艺术在各高校的课程中也屡见不鲜。二者与互动媒体又有什么关系呢？

数码游戏（Digital Game）也称"数字游戏"，即以数字技术为手段设计开发，并以数字

化设备为平台实施的各种游戏。"数字游戏"一词涵盖计算机游戏、网络游戏、电视游戏、街机游戏、手机游戏等各种基于数字平台的游戏,从本质层面概括出该类游戏的共性。这些游戏虽然彼此面目迥异,却有着类似的原理——均采用以信息运算为基础的数字化技术。

装置艺术中的子类"互动装置艺术"和互动媒体的范围比较接近。"互动装置"这个词源引于英文的"Interactive Installation",从英文词典的字面直译中可以看出,它主要有两层含义:一是相互作用,或能相互作用的设备;二是人机对话的具有直接和连续的双向电子或通信系统的硬件设备。互动装置也称为交互装置,要求具有双向信息的传递。这种传递在低层次上是一种信息指令的发出与回复,在高层次上是一种具有判断性的信息反馈。随着计算机技术的发展,编程技术的提高,交互性将有更深层次的发展和意义。装置要产生互动,就要具备一定的媒介,一般包括信息输入载体,指人向计算机传递信息的触动装置,如跟踪球、操纵杆、图形输入板、红外线感应器、声音输入设备和视频输入设备等;信息输出载体,如投影仪、分屏仪、凹面镜、声音输出设备、视频输出设备等。艺术作品在装置的承载下,使得人能够融入环境中或成为其中一部分。

互动媒体和数码游戏、互动装置艺术三者在表现形式上类似,但是彼此并不等同。部分互动媒体作品为了突出其娱乐性,以吸引浏览者,往往采用游戏的形式来设计,如前文提到的上海世博会中德国馆设计的"动力之源",在观众的眼里就是一个有趣的互动游戏。相对而言,互动媒体的范围比"互动装置艺术"更广,它不仅局限在艺术中。三者的关系如图 1-3 所示。

图 1-3　互动媒体和数码游戏、互动装置艺术的关系

1.1.4　互动媒体作品的运行流程分析

一个典型的互动媒体作品的运行,一般分为动作采集、智能处理、显示输出三个关键环节,如图 1-4 所示。

图 1-4　互动媒体作品的运行流程

以互动媒体作品"动力之源"为例,其每个运行环节包含了相应的运行内容,如表 1-1 所示。

表 1-1　"动力之源"的环节分析

运行环节	运行内容
动作采集	通过声音传感器,采集左、右两边观众的声音值
智能处理	通过计算,分析出哪边观众的声音更加响亮、整齐
显示输出	将金属球移向呼声更大、更整齐的那一组,并变化球面的图案和色彩

1.1.5　互动媒体技术

互动媒体技术也称互动多媒体技术，它关注媒体和外界环境的信息互动，涉及多方面的技术。互动媒体技术泛指互动媒体作品运行中的三个关键环节涉及的传感器技术、控制技术、编程技术和计算机网络技术等。

互动媒体作品是一个由各种技术综合交融而构成的媒体系统，软硬兼施，虚实结合，比起传统媒体来说更加复杂。要设计一个互动媒体，往往需要结合结构设计与制作、操作与执行、驱动与控制、检测与感知、智能与程序设计和媒体设计等课程的知识，涵盖机械学、电子学、工程学、自动控制、计算机和人工智能等课程领域，是多种技术的综合应用。

随着技术的发展，人机交互的方式从早期的命令行式交互，向着多通道、多感官自然式交互方向发展。人们不再满足于使用键盘、鼠标与计算机交互，麦克风、摄像头、触控屏、传感器、数据手套和智能手机等外设层出不穷。同样，媒体输出的形式不再局限于平面的屏幕显示，3D投影、全息投影和球幕拼接等技术的出现，加上灯光、电机等辅助设备的配合，使媒体给观众以更加真实的感官刺激。这就要求互动媒体的设计者不断跟踪技术前沿，兼收并蓄。根据互动媒体作品的三个关键环节，可以确定多样化的输入、快速准确的处理和多样化的输出这三方面的学习目标，如图 1-5 所示。

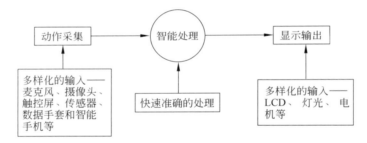

图 1-5　**互动媒体技术的学习目标**

1.2　互动媒体作品欣赏

1.2.1　常见的互动媒体作品

1. 地面互动投影

地面互动投影是通过可以捕捉人像或者其他设备的感应器，将捕捉拍摄到的影像传输到应用服务器中，经过系统的分析，产生被捕捉物体的动作。该动作数据结合实时影像互动系统，使参与者与置于地面的屏幕之间产生紧密结合的互动效果，如图 1-6 所示。与地面互动投影类似的作品还有墙面互动投影。

2. 空中翻书

空中翻书也称虚拟翻书或隔空翻书，是指在展台上放置一本翻开的虚拟图书，当使用

图 1-6　地面互动投影

者在展台前方伸手做出翻书的动作时，这本虚拟图书就可以显示翻页效果，能够让观众浏览全书的内容。其动态翻页效果形象逼真，并伴有音效，如图 1-7 所示。

图 1-7　空中翻书

3. 4D 影院

4D 影院是从传统的 3D 影院基础上发展而来的，人们不仅增加了震动、坠落、吹风、喷水、挠痒和扫腿等特技，还根据影片的情景精心设计出烟雾、雨、光、气泡和气味等效果，形成了一种独特的体验。比如，每个座位底下悬挂小的弹性空气软管，当影片中出现老鼠、蛇、昆虫等动物时，软管会拍打观众的小腿部位，模拟出动物们钻到腿下的感觉。由于在观看 4D 影片时能够获得视觉、听觉、触觉和嗅觉等全方位感受，4D 影院很受观众欢迎，近年来发展非常迅猛。4D 影院的装置结构如图 1-8 所示。

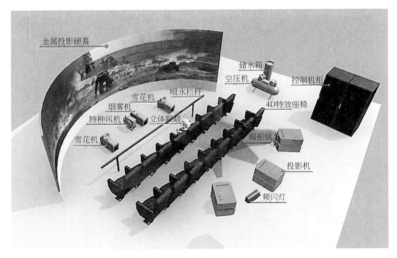

图 1-8　4D 影院

1.2.2　经典互动媒体作品欣赏

1. A-Volve

1994 年，人工智能艺术家克利斯塔·佐梅雷尔和劳伦特·米尼奥诺创作了一个经典的互动媒体作品——"A-Volve"。在这个系统中，观众可以通过触摸的方式在显示器上画出一个形如水母的三维生物。生物的形状、活动与行为完全由观众在显示器上画出的二维图形转化而来的基因密码所决定。生物一旦创造出来，就开始在池中与其他虚拟生物共同生存、夺食、交配、成长。观众还可以触摸水中的生物，影响它们的活动，与池中的生物产生互动。在"A-Volve"的影响下，麻省理工学院（MIT）的研究人员组成了一家名为"近乎生命"的公司，于 1998 年推出了"虚拟鱼缸"系统。在该系统中，人工智能的鱼形生命同样由观众触摸显示器而生成，它们依然生活在一个虚拟的水池中，如图 1-9 所示。

图 1-9　互动媒体作品——A-Volve

2. Audience

互动设计公司 rAndom 设计了一个名叫 Audience 的互动装置，如图 1-10 所示。它是由 64 面装在电动基座上的镜子组成。当该作品启动时，每个镜子将模拟人类性格，形成一个由 64 "人"组成的小社会,有些"人"会结伴聊天(其实就是镜子面对面),有些"人"会害羞地把头偏向一边,而有些却异常亢奋,不断对过路行人投来好奇的目光,跟随路人的走动摆头注视。人们能很清晰地看到"镜子们"的"俯视"、"仰视"、"探头"和"缩头"等动作,感觉很奇妙。

图 1-10　互动媒体作品——Audience

3. Volume

交互装置作品"Volume"由 UVA(United Visual Artists)和 Onepointsix 共同完成。这个装置被放置在伦敦维多利亚阿伯特博物馆(V&A)馆内 John Madejski 花园里,如图 1-11 所示。Volume 是个声光装置作品,由一系列的光柱组成,是 John Madejski 花园里美妙的一景。Volume 具有很好的体验交互功能,可根据人的行动发出一系列视觉和声音感应。在 LED 灯中穿行,周围的 LED 将会包围着人们闪烁,好像人的体积一下变大了许多倍,像中国传统理念中的气场,体会到非凡的声光享受。

图 1-11　互动媒体作品——Volume

4. Elektrobiblioteka

卡托维兹美术学院的硕士生 Waldek Węgrzyn 做出了一本"混合书本"。这本书的名字叫 Elektrobiblioteka,在波兰语里是"电子图书馆"的意思。Elektrobiblioteka 最大的亮点在于可以通过 USB 线连接计算机,在人们翻阅这本书的时候,计算机屏幕上同时显示出对应电子版的内容。电子版在用 Waldek Węgrzyn 做的同名网站上呈现,其内容有动画、视频、超链接等。不仅如此,人们还可以通过触摸实体书页上有传导模块的部分进行交互。Elektrobiblioteka 如图 1-12 所示。

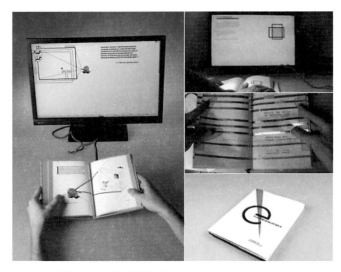

图 1-12 互动媒体作品——Elektrobiblioteka

5. 生命之树

上海世博会广东馆的最大亮点就是"生命之树"。在广东馆内最显眼的地方,竖立着一个巨大的高清液晶显示屏。屏幕上,一棵刚刚破土而出的绿色小树苗正在迎风摇曳。伴随着游客的掌声和欢呼,小树苗开始抽枝展叶,茁壮成长,成为参天大树,最终神奇地生长成一片郁郁葱葱的树林,小鸟穿梭其间,宛如"生命天堂",如图 1-13 所示。"生命之树"的原型是一棵位于广东江门新会的老榕树,由于独木成林,占地广阔,吸引了众多鸟类前来定居,巴金游览后曾写下《鸟的天堂》一文。"生命之树"这一互动媒体作品深受观众的欢迎。

图 1-13 互动媒体作品——生命之树

1.3　互动媒体创作工具介绍

1.3.1　MakeyMakey

　　MakeyMakey 是大众融资平台 Kickstarter 上的一个项目,由两位麻省理工学院在读博士设计。它能将日常物品变成触摸板,然后连上计算机和网络。MakeyMakey 由三个部分组成:MakeyMakey 主板、鳄鱼夹和数据线。对于任何导体(表面湿润的绝缘体也可以)来说,只要用鳄鱼嘴导线将物体与电路板上的各个金属触点相连,然后再连接计算机,就可以达到触摸板的效果,成为一个计算机输入设备。

　　MakeyMakey 能够模拟键盘和鼠标的信号,结合计算机中现成的游戏和媒体播放器之类的软件,不用编程,就能够设计简单的互动媒体作品了。其运行原理如图 1-14 所示。MakeyMakey 的意义在于它可以用极其简单的方法让艺术家创造艺术,让孩子体验科学技术带来的乐趣,因而被称为是"21 世纪的发明工具"。

　　2012 年,四位来自温州的技术"宅男"模仿 MakeyMakey 设计了一款名叫"酷乐宅(英文名 Crazyer)"的电路板。因为"酷乐宅"采用客户端模拟的形式输出按键和鼠标动作,所以互动的功能更加强大,甚至可以执行 CMD 指令。其客户端设置界面如图 1-15 所示。

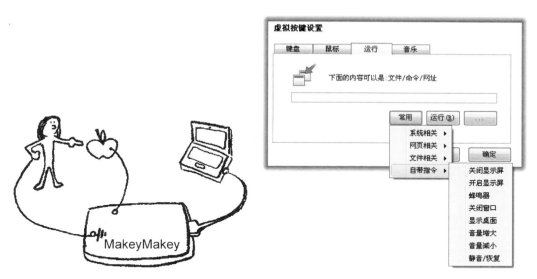

图 1-14　MakeyMakey 运行图示　　　　图 1-15　"酷乐宅"的客户端设置界面

1.3.2　Scratch

　　Scratch 是一款由麻省理工学院设计开发的面向儿童的简易编程工具。Scratch 虽然采用积木堆砌的形式编写程序,但是功能十分强大,其支持数组、事件驱动、多线程编程,具备了面向对象的程序语言的基本特点。难得的是,Scratch 提供了外部传感器和乐高WEDO 系列电机、传感器的接口,只要拖拽指令块图标,就可以制作出各种互动的作品,如图 1-16 所示。

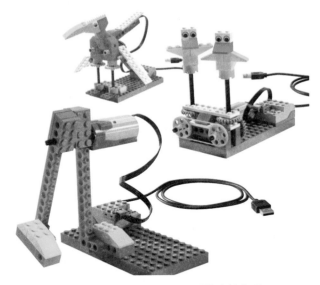

图 1-16   由乐高 WEDO 系列搭建的作品

我国最早的 Scratch 传感器板由教育部教育仪器研究所开发设计,后来因需求增加,多家企业和 Scratch 爱好者研发了多款传感器板,功能也越来越强大,如常州创客开发的 Scratch 传感器板不仅支持超声波、加速度等传感器,还支持无线连接,如图 1-17 所示。吴俊杰编写《Scratch 测控传感器的研发与创意应用》(清华大学出版社出版)中,对 Scratch 传感器板做了详细的介绍。

图 1-17   常州创客开发的 Scratch 传感器板

1.3.3   Arduino

Arduino 是一个基于开放源码的软硬件平台,具有类似 Java、C 语言的开发环境。因源码开放和价格低廉，Arduino 目前广泛地应用于欧美等国家和地区的电子设计及互动艺术设计领域，得到了 Make Magazine（中文版名称为《爱上制作》）等出版物和 Instructable 等网站的认可和推荐。Arduino 被称为"科技艺术"，作为一种新"玩具"，甚至新的艺术载体，吸引了各个领域的人们加入到 Arduino 的神奇世界里来。国内外有人开发了多款基于图形化界面的 Arduino 编程环境或者插件，如 Modkit、Ardublock 等，为 Arduino 的推广、普及作出了积极的贡献。

1.3.4　S4A

S4A 是 Scratch for Arduino 的缩写，是 Scratch 的修改版本。它主要提供对 Arduino 和 andriod 的支持：采用 Arduino 作为传感器和执行器的控制平台，提供 6 组模拟输入和 2 组数字输入接口，以及舵机输出和数字输出接口，具有强大的输入和输出的功能；提供基于 HTTP 协议的远程传感器功能和安卓手机的配套程序，可以组网互动，也可以和智能手机互动。相对于 Scratch 来说，S4A 编写出的作品交互功能更加强大。

本书主要以 S4A 和 Arduino 为平台，介绍互动媒体作品背后的互动技术。

1.3.5　Processing

Processing 是由美国麻省理工学院媒体实验室（MIT Media Lab）美学与运算小组（Aesthetics Computation Group）的 Casey Reas 与 Ben Fry 创立的一款专为设计师和艺术家使用的编程语言。Processing 在电子艺术的环境下介绍程序语言，并将电子艺术的概念介绍给程序设计师。通过它，无须采用太高深的编程技术，便可以实现梦幻般的视觉展示及媒体交互作品。同时，Processing 结合 Arduino 等相关硬件，可以制作出令人惊艳的互动作品。本书最后一章将简单介绍 Processing。

1.3.6　Flash

Flash 是由 Macromedia 公司推出的交互式矢量图和 Web 动画的标准，后来由 Adobe 公司收购。使用 Flash，可以创作出既漂亮又可改变尺寸的导航界面，以及其他奇特的效果。常见的 Flash 互动方式主要是通过计算机键盘或鼠标。其实，Flash 还提供了另一种和外界进行数据交互的方式——XMLSocket 协议。通过这一途径，Flash 也可以编写出和物理世界交互的互动媒体作品。Arduino 的官方网站上提供了相应的范例，可以下载测试。

1.3.7　Kinect

Kinect 是微软公司开发的 3D 体感摄影机，具备即时动态捕捉、影像辨识、麦克风输入和语音辨识等功能。微软的宣传标语说："你的身体就是控制器。"Kinect 的出现不仅带来了一种新的游戏操控体验（见图 1-18），由之引发的让机器"读懂人"的交互方式正在引领人机交互技术的新一轮变革。Kinect 最初是微软公司为 XBOX360 设计的体感周边外设，后来公布了 SDK（Software Development Kit，软件开发工具包），并发售了 Kinect for Windows，使基于 Kinect 的开发成为人机互动技术领域的热点。

图 1-18　微软的 Kinect

1.3.8　Leap Motion

体感控制器制造公司 Leap 开发了小巧的体感控制器 Leap Motion（见图 1-19）。Leap Motion 体积小巧,仅一包口香糖大小。通过 USB 连接计算机后,它会创造出一个 4 立方英尺的工作空间。在这个空间里,10 个手指的动作都会被即时追踪,误差在 0.01mm 以内,最大频率是每秒 290 帧,精确度相当于 Kinect 的 200 倍。这样的精准程度足够保证用户顺利完成如 pinch-to-zoom 或控制 3D 渲染物体等操作。当 Leap Motion 首次亮相时,外界认为它承载了一个新颖而独特的计算机用户体验——通过挥舞手指或拳头来和计算机进行交互。和 Kinect 一样,Leap Motion 也提供了 SDK,可以二次开发。

图 1-19　Leap Motion 体感控制器

1.3.9 pcDuino

顾名思义,pcDuino 是 PC 和 Arduino 的结合体。pcDuino 使用 A10 处理器,运行速度达到 1GHz,自带 1GB 的 BDRAM 和 2GB 的 Flash,支持 Ubuntu 和 Android,接上鼠标、键盘和显示器就是一台迷你 PC,如图 1-20 所示。pcDuino 最大的优势是兼容 Arduino,借助 Arduino 丰富的扩展板卡和传感器资源,pcDuino 就成了一台能直接控制各类电子元件的计算机,在互动媒体方面,应用空间很大。pcDuino 拥有一套完善的 API,用 Arduino 的代码几乎就能访问所有的功能。同时可以使用 GNU toolchain 进行 C、C++ 编程,也可使用标准的 Android SDK 进行 Java 编程。

图 1-20　pcDuino

📝 **小提示:关于 MIT Media Lab**

　　MIT Media Lab(麻省理工学院媒体实验室)是科技爱好者心中的圣地。媒体实验室致力于研发最新的计算机科技,当中许多属于最前沿的科技发明。实验室不同于其他计算机公司商业性质的研究院,它专注于发明,而非将科技产品化。实验室的发明很多都"不切实际",如研究仿鱼类行为的氦气飞艇、悬浮于空中的立体影像、会交谈的计算机、被程序化的乐高积木……到处都弥漫着一股创新活力,跳动着数字时代的脉搏,这就是麻省理工学院媒体实验室的精神。

你学到了什么

在这一章,你学到了这些知识:

* 互动媒体及其运行流程;
* 互动媒体技术的范围;
* 很多精彩的互动媒体作品;
* 多种互动媒体创作平台。

动手试一试

（1）上网以"互动媒体"或者"互动多媒体"为关键字，了解最新的互动媒体作品。

（2）"I/O Brush"是由美国麻省理工学院媒体实验室研发的成果——实体采集电子画笔，找一找相关资料。

（3）回忆自己在科技馆或者其他展厅看过的互动媒体作品，试着按照动作采集、智能处理和显示输出三个环节分析作品的运行过程。

（4）通过淘宝网，购买一套 Arduino 互动套件，为学习下面的内容做准备。

（5）有机会的话，体验一下 Kinect 体感游戏。

（6）策划一个互动媒体作品，思考用哪种方式进行交互，然后在后面几章的学习中逐步实现。

第2章 S4A 编程基础

互动媒体作品看起来的确非常"炫",但是互动媒体涉及这么多领域的技术,怎么学习呢? 在本章,要学习一种门槛很低,界面又非常可爱的编程语言——S4A。S4A 是 MIT 媒体实验室开发的图形化编程软件 Scratch 的修改版本,它采用的是"堆积木"形式的编程,不涉及难懂的代码。 如果你已有 Scratch 基础,请跳过本章,直接学习第 3 章。

2.1 S4A 的安装和运行

2.1.1 S4A 的安装

S4A 由西班牙的 Citilab(社会和数字创新中心)在 Scratch 的基础上开发完成。 其最大的修改是在硬件方面进行了拓展,提供了对 Arduino 的支持,使软件的输入和输出不再局限于传感器板(PicoBoards)和乐高马达,能够创作出功能更加强大的互动作品。

安装 S4A 的步骤如下:

(1) 访问 S4A 的官方网站 http://seaside.citilab.eu/,如图 2-1 所示。

图 2-1 S4A 的官方网站

（2）单击"Downloads"，在"Installing S4A into your computer"下方，根据自己使用的操作系统，选择合适的版本进行下载，如图 2-2 所示。目前，S4A 最新版本为 1.5。

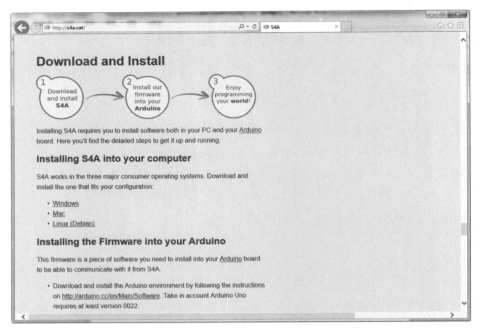

图 2-2　S4A 的下载页面

（3）双击 S4A15.exe 开始安装程序，然后单击"Next"按钮，如图 2-3 所示。

图 2-3　S4A 安装（1）

（4）安装程序显示 S4A 的许可协议和版权说明，选中"I accept the agreement"，然后单击"Next"按钮，如图 2-4 所示。

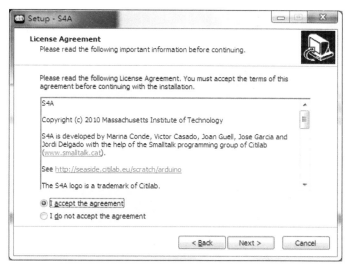

图 2-4　S4A 安装（2）

（5）安装程序提示选择 S4A 的安装路径，这里选择默认安装，然后单击"Next"按钮，如图 2-5 所示。

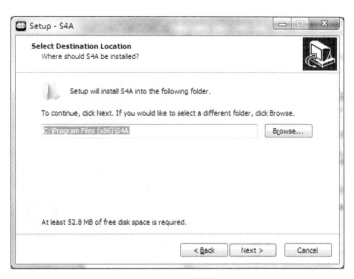

图 2-5　S4A 安装（3）

（6）安装程序提示创建"开始"菜单，继续单击"Next"按钮，如图 2-6 所示。

（7）程序提示是否创建桌面图标（Create a desktop icon），选择"是"，然后单击"Next"按钮。最后，单击"Install"按钮，等待安装程序复制文件。出现"Finish"按钮，表示安装成功。具体步骤如图 2-7～图 2-10 所示。

安装结束后，S4A 在桌面上显示的图标为 。

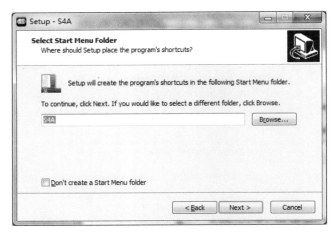

图 2-6　S4A 安装（4）

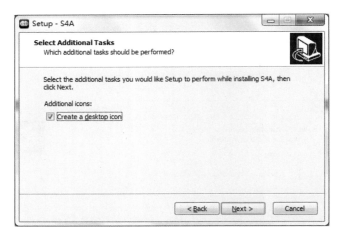

图 2-7　S4A 安装（5）

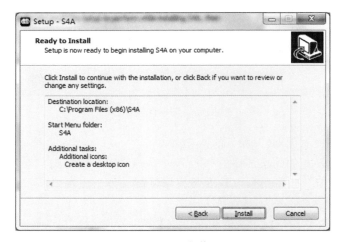

图 2-8　S4A 安装（6）

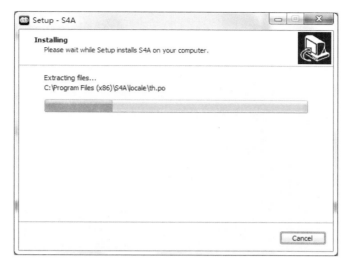

图 2-9　S4A 安装(7)

图 2-10　S4A 安装(8)

2.1.2　S4A 的运行

打开 S4A，默认出现的界面如图 2-11 所示。最左边是积木调色板(blocks palette)，提供各种指令块。中间是脚本区域，可以从积木调色板中选择指令块，为选中的角色或者舞台编写脚本。右边的上方为舞台，是角色的活动场所，角色要在舞台上活动，或与其他角色交互。右边下方为角色列表，程序中所有的角色都会在这里出现。

因为 S4A 启动后，默认连接 Arduino 控制板，接收外部传感器的数据，所以会提示"Searching board"。但我们的学习应该循序渐进，本章先通过不需要外接 Arduino 传感器的程序的学习，熟悉 Scratch 的语法，再研究计算机和 Arduino 的互动。所以，暂时删

当前角色信息

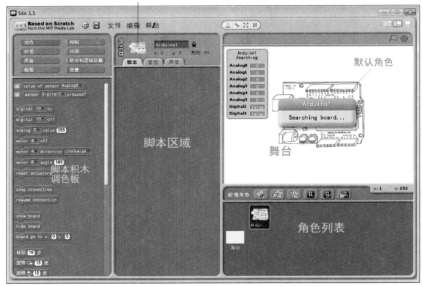

图 2-11　S4A 的默认界面

除这个默认的角色(Arduino1)。这个默认角色一删除,舞台上 Arduino 电路板的造型和
"Searching board"的提示就消失了,如图 2-12 所示。

图 2-12　删除 S4A 的默认角色

小提示:什么是角色?

　　S4A 程序由角色(Sprites)组成,每个角色拥有自己的属性和造型。要查看或者
编辑某一个角色的脚本、造型、声音等,可以单击角色列表中的角色缩略图,或者双击
舞台中的角色形象。被选中的角色在列表中高亮显示,并且加上蓝色边框。

　　删除了默认角色后的 S4A,其界面看起来就和 Scratch 差不多了。S4A 是 Scratch 的
修改版本,其语法和功能与 Scratch 几乎完全一致,连提供的帮助文件也和 Scratch 1.4 一
样。现在网络上关于 Scratch 的教程很多,可以下载学习。

2.2　我的第一个互动程序

下面设计第一个互动小程序,程序的功能是通过键盘控制一条大鱼移动。

2.2.1　添加新角色

添加新角色的步骤如下:

单击 ![按钮],在"新增角色"对话框中选择"Animals"文件夹,找到"fish1-a"文件,然后单击"确定"按钮,如图 2-13 和图 2-14 所示。这时,舞台上出现了一条大鱼。

图 2-13　添加角色(1)

图 2-14　添加角色(2)

> **小提示:如何改变角色的外观?**
>
> S4A 程序由一些角色(Sprites)组成,一个角色拥有一个或者多个造型,通过改变角色的造型来改变它的外观。可以使用任何图片作为造型,也可以在绘图编辑器中自由编辑。S4A 提供了很多有趣的图片。还可以在网上下载图片,再从本地硬盘导入。

2.2.2　编写脚本

编写脚本的步骤如下：

（1）选中新添加的角色，然后单击脚本积木调色板中的"控制"标签，将调色板中的 拖放到中间脚本区域。单击"空格键"旁边的倒三角形图标，选择"右移键"。然后，切换到"动作"选项卡，把 拖放到 的下方。

（2）选中这一组脚本，右击，然后在对话框中选择"复制"，如图 2-15 所示。

（3）用刚才的办法，把其中一组脚本的"右移键"改为"左移键"，再把"10 步"改为"－10 步"，如图 2-16 所示。

图 2-15　脚本复制

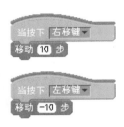

图 2-16　脚本参考

2.2.3　测试程序

试着按下键盘中的"→"（右移）和"←"（左移）键，看看舞台上的大鱼是不是动起来了。程序界面如图 2-17 所示。

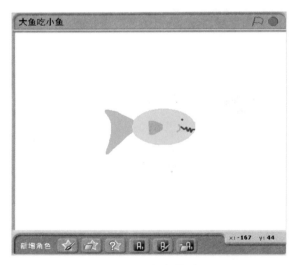

图 2-17　程序界面

如果想得到更好的浏览效果，单击 S4A 窗体右上角的 按钮，切换到演示模式，S4A 以全屏形式呈现舞台。按 Esc 键则退出演示模式。

2.2.4 保存和打开程序

切记要保存程序。S4A 保存的文件扩展名为".sb",虽然和 Scratch 保存的文件扩展名一样,但是因为 MIT 开源协议的限制,Scratch 无法编辑 S4A 保存的 ∗.sb 文件。

S4A 安装后,并没有直接和.sb 文件关联,在 ∗.sb 文件的打开方式中手动选择 S4A.exe 也是无法打开的。那么,保存后的文件怎么打开呢? 有以下两种方法。

方法一:打开 S4A 后,用"文件"中的"打开"功能打开原来保存的文件。

方法二:打开 S4A 后,把原来保存的文件拖曳到 S4A 的界面中。

无论采用哪种方法,S4A 都会弹出"关闭对话框"和"保存文件"的提示,如图 2-18 和图 2-19 所示。

图 2-18 "关闭对话框"的提示

图 2-19 "保存文件"的提示

2.3 用键盘控制角色

大鱼是可以动起来了。但是你肯定会提出新的要求,比如:

(1) 怎么让大鱼上下游动?

(2) 大鱼向后游的时候,怎么是倒退的呢? 能不能转过身子?

2.3.1 改变角色的坐标

要实现大鱼的"上下游动",先了解舞台和角色的坐标。

S4A 的舞台宽度为 480 个单位,高度为 360 个单位。舞台被分成一个个方格。角色在舞台中的位置是通过 (x,y) 坐标来定位的。舞台的中心 x,y 坐标都为 0,即 $(0,0)$。越靠右边,x 值越大;越靠上方,y 值越大,如图 2-20 所示。要知道舞台中一点的坐标,将鼠标移动到那里,其坐标显示在舞台的右下角处。

用鼠标拖动大鱼向上、下、左、右四个方向移动时,x 和 y 坐标是按照怎样的规律变化的?

通过尝试我们发现,要让大鱼上下游动,只要改变它的 y 坐标就可以了。同样,改变 x 坐标,可以让大鱼左、右移动。

小提示:什么是坐标?

要确定某个点在某平面的位置,需要建立坐标系,x,y 的数值就是某个点的坐标。S4A 采用 (x,y) 来确定角色在舞台上的位置,属于平面直角坐标系。

在大鱼的脚本区域增加这样的代码,其中"将 y 坐标增加"的指令块在"外观"选项卡中。脚本参考如图 2-21 所示。

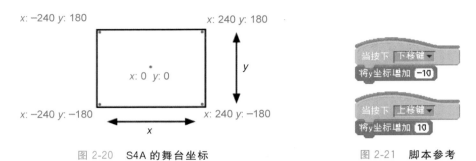

图 2-20　S4A 的舞台坐标

图 2-21　脚本参考

小提示:"上下游动"的另一种解决方案

其实,不通过修改大鱼的 y 坐标,用"前进"的方法,也可以实现大鱼的上、下移动。当然,这必须要改变大鱼的方向。但是,改变了方向后,大鱼的鱼头就变成朝上或者朝下了,看起来怪怪的。有办法解决吗?在"当前角色信息"中找找答案吧,如图 2-22 所示。

图 2-22　当前角色信息

🔄 表示角色可以 360°旋转;↔ 表示角色只允许左右翻转;▬ 表示角色不能旋转。在这个程序里,应该选择 ↔,大鱼的头就不会变成朝上或者朝下了。

2.3.2　方向和造型

你是否已经发现,在 S4A 中解决"大鱼上下游动"问题的方法有许多种?这就是编程的乐趣所在。同样,解决"大鱼向后游的时候转过身子"也有多种方法,下面分别试试。

方法一:改变角色的方向。当按下"←"(左移)键的时候,让角色面朝 90°前进;同样,当按下"→"(右移)键的时候,让角色面朝 −90°前进。参考脚本如图 2-23 所示。

方法二:利用角色的造型。在前进和后退的时候,让大鱼呈现"向左"和"向右"的不同造型。角色的"造型"选项卡如图 2-24 所示。

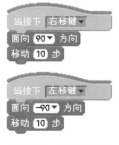

图 2-23　参考脚本

图 2-24　角色的"造型"选项卡

增加大鱼"向左"的造型有简单的办法：先单击"复制"按钮，复制一个一模一样的造型，并将名字改为"fish1-b"；然后编辑"fish1-b"造型，如图 2-25 所示。

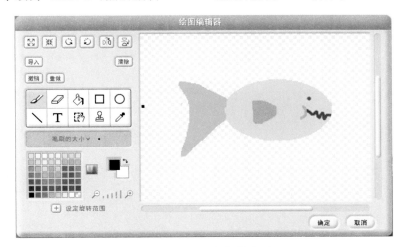

图 2-25　编辑角色的造型

看到 图标了吗？单击一下，大鱼就转过身子了，然后单击"确定"按钮退出编辑窗口。

接下来修改大鱼的脚本，加上"外观"中的 切换到造型 fish1-a ，如图 2-26 所示。

图 2-26　参考脚本

现在，大鱼上、下、左、右游动看起来就很自然了，是不是很有成就感？

> ✎ 小提示：10 步到底是多远？
>
> 　　S4A 中可以用移动多少步或者代表坐标来改变角色的位置。那么，前进 10 步到底移动了多少距离呢？其实，1 步就等于 1 个坐标单位。

2.3.3　键盘控制的优化

在这个程序里，使用了四个键盘事件来控制角色的上、下、左、右移动。这样做比较容易理解，缺点也很明显，主要体现在运行时动作不流畅，有延迟的感觉。

如果改用在一个重复循环，不停判断用户是否按下某个特定键，然后执行相应的动作，运行起来就很流畅了。可试着修改一下。

（1）在"当 🏳 被点击"的下方加入 重复执行 ，重复判断是否按下某个键的脚本要由按下绿旗类的事件来激活。

（2）在"重复执行"中加入判断，可以用 如果 。其中， ⬡ 中要加入 按键 左移键 是否按下? 。

为了方便找到这些新的指令块并理解其作用，表 2-1 给出了指令块、位置及作用。

S4A 最后完成的脚本如图 2-27 所示。

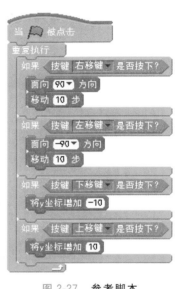

图 2-27　参考脚本

表 2-1　指令块、位置和作用的对应表

指　令　块	位置	作　　用
当 🏳 被点击	控制	启动部件。当按下时，执行下面的脚本
重复执行	控制	循环语句。反复执行部件内部的脚本块
如果	控制	分支语句。如果条件为真，执行部件内容的脚本块
⬡	侦测	表达式，返回布尔值（真或假）

单击"🏳"，然后按"上"、"下"、"左"、"右"四个键，可以发现大鱼的游动灵活多了。这段的脚本虽然简单，但是却用上了程序设计中的"选择结构"（也叫条件分支结构）和"循环结构"，请认真研究。

如果想了解所有的指令块作用，可以查看 S4A 的帮助，其帮助界面如图 2-28 所示。

S4A 提供的帮助和 Scratch 1.4 版是一致的。选择"Reference Guide"，可以看到详细的英文版参考指南。如果阅读英文感到吃力，可以通过我的博客中找到刘小杰翻译的中文参考指南。需要注意的是，Scratch 的翻译还缺少统一的规范，中文参考指南中对部分单词的翻译和软件中的中文界面可能不一致。

📄 **小提示：S4A 指令块的类型**

S4A 中的指令块大致分为三种类型，分别为启动部件（Hats）、堆部件（Stack Blocks）、侦测员（Reporters），具体介绍如下。

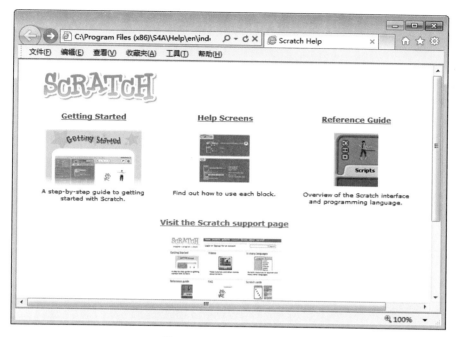

图 2-28　S4A 的帮助页面

（1）启动部件：启动部件有一个圆形的顶部。这些部件放置在脚本的顶部。它们等待一个事件来触发，然后运行下面的脚本。

（2）堆部件：堆部件下面有一个凸出部分，上面有凹进部分，可以将它们组成一个脚本块。有些堆部件中有一个让你输入数据的输入孔，或者有一个供你选择的下拉菜单。有些堆部件留有一个缺口，可以插入另一个堆部件。

（3）侦测员部件：侦测员部件可以填充到其他部件的适当的孔里。带圆头的返回数字或者字符串，并且填充到其他部件的圆形孔或矩形孔里。带尖头的返回布尔值（真或假），填充到其他部件的尖形输入孔或矩形输入孔里。

2.4　角色和角色的互动

2.4.1　条件判断

一条大鱼游来游去多无趣啊，加几条小鱼给它吃吧。

（1）先添加一条小鱼，角色名字改为"小鱼 1"。用 中的缩小工具 ，把小鱼调整为合适的大小。如果同时按下 Shift 键，缩小的幅度会更大。添加小鱼后的程序界面如图 2-29 所示。

（2）参照表 2-2，为"小鱼 1"编写脚本。

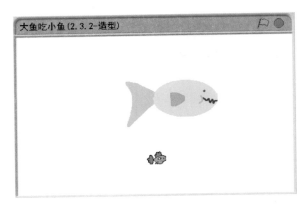

图 2-29　程序界面

表 2-2　脚本及指令块的位置

脚　本	指令块所在位置
	（1）重复执行 和 如果 在"控制"中
	（2）碰到颜色 ■ 在"侦测"中。单击颜色块，会出现吸管工具（颜色拾取器）来选择颜色
	（3）隐藏 在"外观"中

注意：只有在单击 旗 后，大鱼的嘴巴遇到小鱼的时候，小鱼才会消失的。

想一想：为什么要用 碰到颜色 ■ ，而不用"碰到大鱼"呢？

（3）请仔细观察脚本，隐藏 这一命令，只有在角色 碰到颜色 ■ 的时候，才会执行。而这组脚本必须放在"重复执行"中，角色才会不停地判断是否 碰到颜色 ■ ，否则运行一次就不再运行了，无法实现"当小鱼遇到大鱼嘴巴"的时候消失。

2.4.2　随机数的应用

在被大鱼吃掉之前，小鱼应该能自由地游动。如何实现"自由地游动"呢？如果给出固定的前进步数和旋转方向，小鱼的游动就如同军队一样有规律地移动，呆板而无趣了。要实现"自由地游动"，那小鱼的游动就需要做到"随机"。

和其他编程语言一样，S4A 提供了随机数。"随机数"指令块在"数字和逻辑变量"中，使用起来非常直观和方便。

在"重复循环"中加上如图 2-30 所示的脚本。

测试一下，效果不错吧！可惜，小鱼很快就游到舞台边缘处停止，然后不断旋转。别急，增加"是否碰到边缘"的判断，如图 2-31 所示。

图 2-30　**参考脚本**

当然,还要注意一个细节:和大鱼角色一样,小鱼的"角色信息"中也要设定旋转风格(Rotation Style)为"↔"(只允许左、右翻转),如图 2-32 所示。否则,小鱼游动的姿势会很怪异。

小鱼角色的完整脚本如图 2-33 所示。

图 2-31　**参考脚本**

图 2-32　**参考脚本**

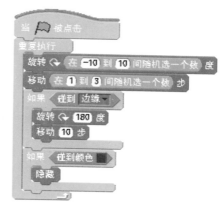

图 2-33　**参考脚本**

> ✎ 小提示:什么是随机数?
>
> 随机数最重要的特性是后面的那个数与前面的那个数毫无关系,没有任何规律。在小鱼的游动和方向上使用随机数,会让游戏更有变化,更有趣。

2.4.3　角色的复制

要说明一点,小鱼被吃掉了,也就是被"隐藏"了。但是,过一会儿还要"复活"的。

让小鱼"起死回生"很简单:"隐藏"后,等几秒钟后继续"显示"即可。为了不让小鱼继续出现在刚刚被吃掉的地方,可用随机数改变小鱼的坐标,如图 2-34 所示。"原地复活"很无趣,编程的时候应该多注意这些细节。

图 2-34　**参考脚本**

经过以上修改,小鱼这个角色大功告成,参考脚本如图 2-35 所示。想要写出功能比较完善的程序,就需要这样不停地测试、修改。

舞台上就一条小鱼,还是太少了,可以多复制几条。合理分配一下位置,舞台上就热闹起来了,如图 2-36 所示。

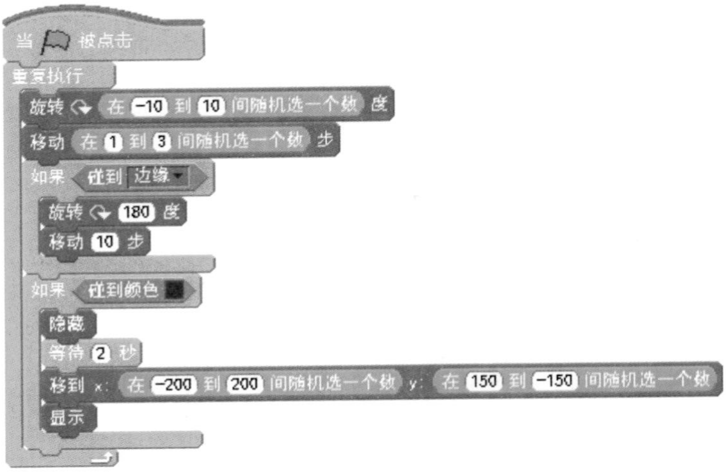

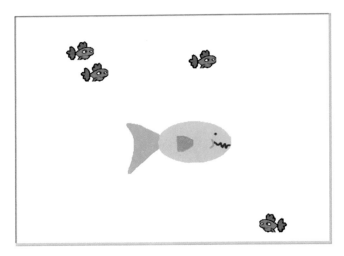

图 2-35　参考脚本

图 2-36　程序界面

2.5　侦测和广播

在前面的脚本中，已经使用了"碰上颜色"和"碰到边缘"指令块。这些指令块属于角色的侦测功能。那么，角色还能够侦测哪些信息呢？

2.5.1　侦测信息

把积木调色板切换到"侦测"，认真研究一下，结合自己的创意，看看可以用在哪些方面。指令块的作用如表 2-3 所示，空白的部分需要用户来填写。

表 2-3　指令块的作用和创意

指　令　块	作　用	参　考　创　意
碰到▼	判断角色是否碰到其他角色或者鼠标指针和舞台边缘	当小鱼碰到舞台边缘就转身
碰到颜色■	判断角色是否碰到设定的颜色(在舞台背景或者其他角色中)	可以让大鱼和小鱼不会游出水面
颜色■ 碰到了 颜色■ ?	判断第一种颜色(在当前角色内部)是否碰到第二种颜色(在舞台背景或者其他角色中)	可以比较精确地判断小鱼是否碰到了大鱼的嘴巴,这才是真正被吃了
询问 你的名字? 并等待	和"回答"一起,获得输入的内容	可以让用户输入个性化的程序设置信息,如小鱼游动的速度等
音量值	获取外界的声音,需要接上麦克风	拍一下手,或者大喊一声,让舞台上的大鱼和小鱼全部消失
鼠标的x坐标 鼠标的y坐标	获取鼠标的(x,y)坐标。	直接用鼠标来控制大鱼,或者让小鱼朝着鼠标的方向游动
到 ▼ 的距离	获取当前角色到指定角色或者鼠标光标的距离	
按键 空格键▼ 是否按下?	判断键盘上某个键是否按下	
Arduino1▼ 的 x坐标▼	返回另一个角色的属性或者变量(局部变量)	

2.5.2　用广播传递信息

为了让这个小程序更有趣些,还可以让小鱼在消失的时候,大鱼张一下嘴巴,发出声音,表示把小鱼吃掉了。最好同时让大鱼变得大一点,越吃越胖。

问题:大鱼怎么知道小鱼被吃掉了? 大鱼是否能不停地"侦测"小鱼的状态?

S4A 中虽然没有直接提供角色的状态让另一个角色"侦测",仅提供了角色的"大小"、"坐标"和"方向"等信息,但解决的办法还是有很多种。最简单,也是最好的办法是小鱼在消失的同时,顺便跟大鱼打个招呼:"嗨,我被你吃了!"听起来逻辑上有点不可思议,但实际上,S4A 往往就是用这种形式来实现角色间的信息传递。

在 S4A 中,不同角色之间的信息传递采用"广播"来实现。"广播"位于"控制"功能组中。任何一个角色(包括舞台)发出广播,其他的角色都能收到。可以让小鱼在被吃掉的时候,发出 广播 我被你吃了▼ ,大鱼一旦收到广播,就切换到张嘴巴的造型,发出"好吃"的声音,过 1 秒后,再切换到原来的造型。具体步骤如下:

(1) 给大鱼角色增加张嘴巴的造型。"Animals"文件夹中有现成的图片,将文件名为 fish1-b. gif 的文件导入即可。但是要记住,默认的造型要切换到闭上嘴巴的造型。如果设置了大鱼转身的造型,还要多加一个转身并张开嘴巴的造型,编程就稍微复杂点了。

(2) 给大鱼角色添加声音。声音可以到网上找,也可以自己录音,如图 2-37 所示。鱼吃东西的声音比较难找,可以自己录下"啊……呜……"的声音充当。

(3) 给大鱼角色编写脚本。大鱼角色要添加"当接收广播……"的事件脚本,如图 2-38

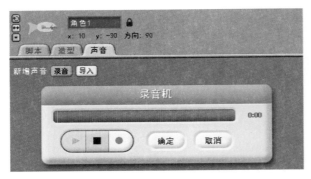

图 2-37　给角色录音

图 2-38　参考脚本

所示。

（4）给小鱼编写脚本。小鱼的任务是发送广播，在被吃掉（隐藏）的时候，发送广播"我被你吃掉了"。当然，其他几条小鱼也都要添加这样的脚本。如果觉得麻烦，可以先把小鱼角色逐一删除仅剩一条，修改脚本后再复制。修改后的参考脚本如图 2-39 所示。

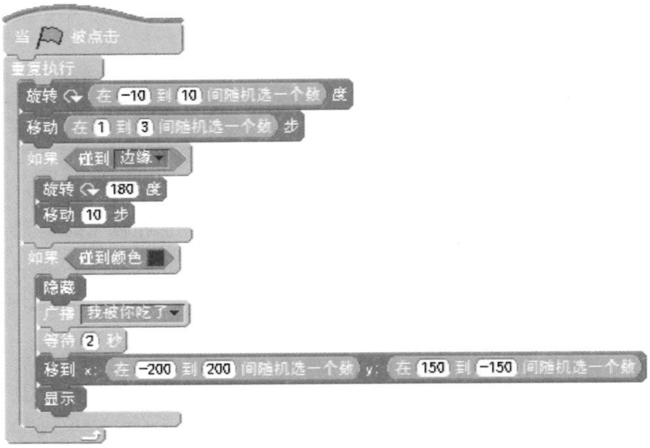

图 2-39　参考脚本

测试一下，是不是好玩多了？

> 小提示：什么是广播？
>
> "广播"是 S4A 中的重要功能，英文单词为 broadcast。任何一个角色（包括舞台）发出广播，其他的角色都能收到。"广播"功能广泛用于不同角色的通信中。

2.6　变量的应用

既然是个游戏，总需要记录一些数据，比如大鱼吃小鱼的数量、游戏玩了多少时间等。要统计大鱼吃小鱼的数量，就需要引入编程中最重要的一个概念——变量。

变量可以保存程序运行时的数据。根据适用范围,S4A 中的变量分为两种:一种适合于所有角色,即全局变量;另一种只适用于这个角色,即局部变量。新建一个变量的时候,会弹出对话框让用户选择,如图 2-40 所示。

因为"吃鱼数量"这个变量是在大鱼接收到广播"我被你吃了"的时候,才进行计数的。其他角色中没有使用该变量,所以可以用局部变量,即选择"只适用于这个角色"。如果准备在小鱼角色中添加修改这个变量的脚本,比如程

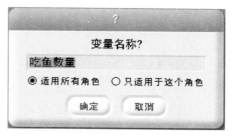

图 2-40　添加变量

序中有某种特殊的小鱼,大鱼吃了会扣分的,就要选择"适用所有角色"了。

> **小提示:S4A 的变量类型**
>
> 在 S4A 中添加变量不需要声明类型。这其实是一种特殊变量类型,称为变体类型(Variant),可以包含任何种类的数据,能够在运行期间动态地改变类型。当对它进行加减乘除运算时,就是数字;当进行"把……加入到……后面"运算的时候,就变成字符串。

添加变量后,需要了解以下几点。

(1) 变量的初始化。变量一旦建立,默认值就是 0,并出现在舞台上。考虑到在调试过程中,这个变量会被程序修改,所以加上初始化变量的脚本,如图 2-41 所示。

(2) 变量的增加。在接收到广播的脚本中,加上 `将变量 吃鱼数量 的值增加 1` 语句。

(3) 变量的判断。当"吃鱼数量"到达一定数量的时候,说"胜利了!",然后停止所有脚本。表达式 `吃鱼数量 > 10` 要在"数字和逻辑运算"中选择。需要注意的是,表达式上的变量不能手动输入,要到"变量"功能组中,把相应的变量拖放进去,如图 2-42 所示。

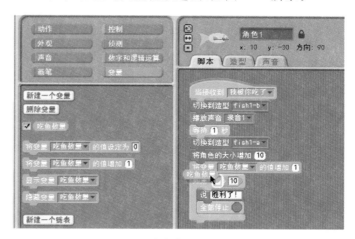

图 2-41　初始化变量　　　　图 2-42　将变量加到表达式中

通过"大鱼吃小鱼"这一范例的制作,相信读者对 S4A 的基本语法有了一定的了解。学习 S4A 的最好方法是多研究其他人的优秀作品。S4A 自身已经带了一系列范例,都很值得研究。选择"文件"菜单中的"打开"命令,然后选择"例子",就能找到这些优秀的范例了,如图 2-43 所示。Scratch 的官方交流网站上汇集了全世界 Scratch 爱好者的作品,建议下载一些优秀的源码供自己学习。用 Scratch 1.4 编写的程序,S4A 都能打开。

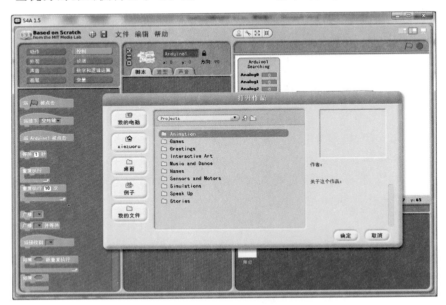

图 2-43　打开 S4A 提供的范例

你学到了什么

在这一章,你学到了这些知识:

- S4A 的下载和安装方法;
- S4A 的界面操作,包括舞台、角色、造型和坐标等概念;
- S4A 的基本语法,包括事件驱动和广播;
- 分支和循环,能根据需要编写分支和循环相嵌套的程序;
- 编写了一个简单互动小游戏,掌握了随机数和变量的使用。

动手试一试

(1) 在调试程序的过程中,经常会发生小鱼被吃掉(隐藏)后就不再出现的现象,影响了下一步的调试。若总是要频繁地单击这些小鱼角色,逐一选择"显示"比较麻烦。有没有简单的办法呢?

提示: 当"绿旗"被单击的时候,统一设定角色的初始值。

(2) 如果设定某个变量"仅适用于这个角色",其他角色还能否获得这个变量的值?能否直接改变这个变量的值?答案当然是肯定的,在"侦测"中找一找吧。

（3）继续完善"大鱼吃小鱼"这一小游戏,增加如下功能。

① 添加一条不同造型的小鱼角色,如果大鱼不小心吃了这条小鱼,就会中止游戏;

② 当程序刚刚运行的时候,出现一个角色,对游戏的规则进行说明,单击"继续"后消失。

（4）"链表"(英文名 list,有些地方翻译为"列表")是 S4A 中的一个重要功能。在"变量"功能组中,请编写一个小猫随机报数的程序,把小猫报出的数字记录在"链表"中。

（5）学过"Logo"这种"绘图"方式编程语言吗? S4A 也能够画图,它提供的"图章"功能很有意思。打开范例文件夹 Interactive Art,其中的 GardenSecret 非常值得学习研究。

第3章　Arduino 和电子积木

互动媒体技术关注人机互动，关注计算机和物理世界之间的信息输入和输出。MIT媒体实验室的学术带头人 Alex Pentland 曾经这样说过："请原谅我的表达方式，但是，连坐便器都比计算机智能，真的。因为计算机与外界是完全隔离的。"计算机要和外界建立联系，需要其他设备的帮助。常见编程语言要实现获取外界信息或者输出信息，并不是一件容易完成的工作。S4A 选择了 Arduino 这款风靡世界各地的神奇电路板，让一切变得简单。

3.1　Arduino 是什么

Arduino 是一个基于开放源码的软硬件平台，具有使用类似 Java、C 语言的开发环境。因为其采用了 Creative Commons 许可，加上价格低廉，Arduino 风靡全球各地，吸引了很多电子爱好者开发使用。Arduino 确实是为嵌入式开发的学习而生，但发展到今天，Arduino 已经远远超出了嵌入式开发的领域。现在，Arduino 被称为"科技艺术"，作为一种新"玩具"，甚至新的艺术载体，吸引更多各个领域的人们加入到 Arduino 的神奇世界里。

> **小提示：什么是 CC 许可？**
>
> CC 是 Creative Commons 的缩写，是为保护开放版权行为而出现的类似 GPL 的一种许可（license）。在 Creative Commons 许可下，任何人都被允许生产电路板的复制品，还能重新设计，甚至销售原设计的复制品。你不需要付版税，甚至不用取得 Arduino 团队的许可。然而，如果你重新发布了引用设计，必须说明原始 Arduino 团队的贡献。如果你调整或改动了电路板，最新设计必须使用相同或类似的 Creative Commons 许可，以保证新版本的 Arduino 电路板也会一样的自由和开放。

Arduino 先后发布了十多个型号的板子，有可以缝在衣服上的 LilyPad，也有为 Andriod 设计的 Mega ADK，其中最基础的型号是 UNO，如图 3-1～图 3-3 所示。

Arduino UNO 是 USB 接口系列的最新版本，作为 Arduino 平台的参考标准模板。UNO 采用的单片机是 ATmega328，具有 14 路数字输入/输出口、6 路模拟输入、一个 16MHz 晶体振荡器、一个 USB 口、一个电源插座、一个 ICSP header 和一个复位按钮。具体参数如下：

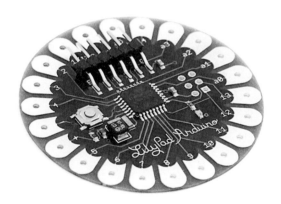

图 3-1　可以缝在衣服上的 Arduino LilyPad

图 3-2　为 Andriod 设计的 Arduino Mega ADK

图 3-3　Arduino UNO

（1）处理器：ATmega328；

（2）工作电压：5V；

（3）输入电压（推荐范围）：7～12V；

（4）输入电压（限制范围）：6～20V；

（5）数字 IO 脚：14（其中，6 路作为 PWM 输出）；

（6）模拟输入脚：6；

（7）IO 脚直流电流：40mA；

（8）3.3V 脚直流电流：50mA；

（9）Flash Memory：32KB（其中，0.5KB 用于 bootloader）；

（10）SRAM：2KB；

（11）EEPROM：1KB；

（12）工作时钟：16MHz。

> **小提示：什么是单片机？**
>
> 单片机是一种集成电路芯片，采用超大规模集成电路技术，把具有数据处理能力的中央处理器 CPU、随机存储器 RAM、只读存储器 ROM、多种 I/O 口和中断系统、定时器（计时器）等功能（可能还包括显示驱动电路、脉宽调制电路、模拟多路转换器和 A/D 转换器等电路）集成到一块硅片上构成的一个小而完善的微型计算机系统，广泛应用在工业控制领域。从 20 世纪 80 年代起，单片机技术由当时的 4 位、8 位，发展到现在的 32 位，速度也越来越快。

Arduino 采用可堆叠式设计，通过扩展板，可以简单地与传感器等各式各样的电子元件连接。为了体现 Arduino 的易用性，一些国内厂商把这些可以和 Arduino 连接的电子元件统称为电子积木。

3.2　Arduino 的购买和安装

Arduino 包含硬件和软件两个部分：硬件部分用来做电路连接的 Arduino 电路板；软件是 Arduino IED，即计算机的程序开发环境。

3.2.1　购买 Arduino

在淘宝网上输入 Arduino，能搜出一大堆与 Arduino 相关的商品。在众多的店铺中，笔者推荐 DFRobot（见图 3-4）的产品。除了 Arduino UNO 外，还需要购买一些相应的模块，所以建议直接购买包含一系列传感器、LED 和电机等模块的套件。为方便读者购买器材，DFRobot 推出了与本书配套的学习套件，在其淘宝店铺和官方商城都可以购买。本文介绍的范例，全部采用 DFRobot 的产品。

如果有较好的动手能力，也可以试试自己做一块 Arduino 的板子。Arduino 是开源硬件，硬件的电路图和 PCB 设计都可以免费下载。

相关店铺网址如下：

DFRobot 淘宝店铺：http://DFRobot.taobao.com/；

DFRobot 网络商城：http://robotbase.taobao.com/。

图 3-4　DFRobot 商城首页

3.2.2　Arduino IDE 安装

访问 Arduino 的官方网站（www.Arduino.cc），下载 IDE 软件，如图 3-5 所示。下载地址为 http://arduino.cc/en/Main/Software/。

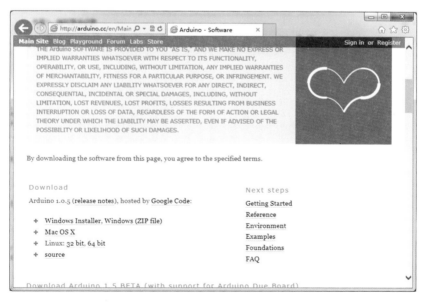

图 3-5　Arduino IDE 下载页面

Arduino IDE 的最新版本为 1.0.5，无须安装，解压后即可使用，如图 3-6～图 3-8 所示。

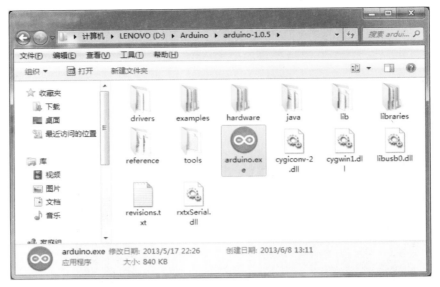

图 3-6　Arduino IDE 解压后的文件列表

图 3-7　Arduino IDE 启动界面

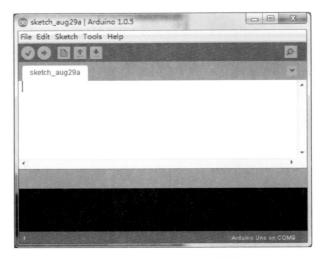

图 3-8　Arduino IDE 工作界面

Arduino IDE 内置了中文菜单，可以通过选择"File"→"Preferences"命令来设定，如图 3-9 所示。重新启动 Arduino IDE，就能看到中文界面了，如图 3-10 所示。

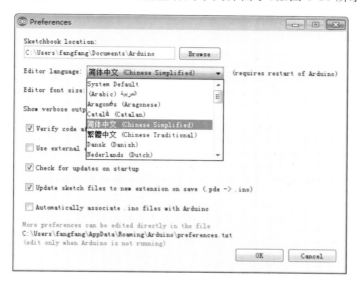

图 3-9　设定菜单语言为"简体中文"

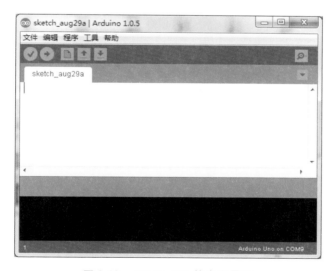

图 3-10　Arduino IDE 的中文界面

3.3　Arduino 的输入设备

Arduino UNO 由一块单片机和外围电路构成，本身不带任何输入设备。Arduino 的输入设备一般都可以称为传感器。

3.3.1 什么是传感器

传感器(Sensor)是一种检测装置,能感受到被测量的信息,如位移、速度、力、温度、湿度、流量、声强、化学成分等非电学量,并可以将检测感受到的信息按一定规律变换成为电信号或其他所需形式的信息输出,以满足信息传输、处理、存储、显示、记录和控制等方面的需求。国家标准 GB 7665—87 对传感器下的定义是:"能感受规定的被测量件并按照一定的规律(数学函数法则)转换成可用信号的器件或装置,通常由敏感元件和转换元件组成。"

传感器一般由敏感元件、转换器件、转换电路三个部分组成。通过敏感元件获取外界信息并转换成电信号输出,然后由控制器进行分析处理,如图 3-11 所示。传感器的作用是将一种能量形式转换为另一种能量形式。互动媒体作品就是依靠各类传感器来获取外界环境的信息。

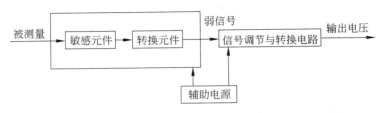

图 3-11 传感器的结构示意

3.3.2 传感器的分类

根据基本感知功能,通常把传感器分为热敏元件、光敏元件、气敏元件、力敏元件、磁敏元件、湿敏元件、声敏元件、放射线敏感元件、色敏元件和味敏元件十大类。为了便于理解,往往将传感器的功能与人类五大感觉器官相比拟对照,如表 3-1 所示。

表 3-1 传感器功能与人类感觉器官比较

传感器名称	人类感觉	人类器官	传感器名称	人类感觉	人类器官
光敏传感器	视觉	眼睛	化学传感器	味觉	舌头
声敏传感器	听觉	耳朵	压敏传感器	触觉	皮肤
气敏传感器	嗅觉	鼻子	温敏传感器	触觉	皮肤

根据传感器的输出信号形式来分类,传感器分为模拟式、数字式、开关式,分别说明如下。

(1) 模拟传感器:将被测量的非电学量转换成模拟电信号。

(2) 数字传感器:将被测量的非电学量转换成数字输出信号(包括直接和间接转换)。

(3) 开关传感器:当一个被测量的信号达到某个特定阈值时,传感器相应地输出一个设定的低电平或高电平信号。在一些淘宝卖家中,往往把开关传感器直接标注为数字传感器。

3.3.3　常见的传感器

DFRobot 都推出了很多与 Arduino 兼容的传感器,下面列举几个 DFRobot 出品的常见传感器。

1. 光线传感器

光线传感器也称环境光传感器,如图 3-12 所示,可以用来对环境光线的强度进行检测,通常用来制作随光线强度变化产生特殊效果的互动作品。这款传感器输出的是模拟信号,光线越强,数值越小。

2. 声音传感器

声音传感器用来对周围环境中的声音强度进行检测,输出的是模拟信号,检测到的声音强度与输出电压成正比,如图 3-13 所示。它通常用来制作与声音感知相关的互动作品。

图 3-12　光线传感器

图 3-13　声音传感器

3. 温度传感器

温度传感器用来对环境温度进行定性的检测。温度测量常用的传感器包括热电偶、铂电阻、热敏电阻和半导体测温芯片。其中,热电偶常用于高温测量,铂电阻用于中温测量(到 800℃左右),热敏电阻和半导体温度传感器适合于 100～200℃的温度测量。其中,半导体温度传感器应用简单,有较好的线性度和较高的灵敏度。图 3-14 中的温度传感器采用 LM35 半导体,其测温范围是 −40～150℃,灵敏度为 10mV/℃,输出电压与温度成正比,可以非常容易地实现与环境温度感知相关的互动效果。

4. 气体传感器

图 3-15 中的气体传感器基于气敏元件的 MQ2 制作,可以很灵敏地检测到空气中的烟雾、液化气、丁烷、丙烷、甲烷、酒精和氢气等,输出模拟信号。用这个传感器,可以完成一些和空气污染、酒驾等主题相关的互动作品。

图 3-14　温度传感器

5. 红外测距传感器

红外测距传感器是一种利用红外线反射原理对障碍物距离进行测量的传感器,输出模拟信号,如图 3-16 所示。传感器具有一对红外信号发射与接收二极管。发射管发射特定频率的红外信号,接收管接收这种频率的红外信号。当检测方向遇到障碍物时,红外信号反射回来被接收管接收,然后利用回波与发射波的相位差推算出时间和距离。红外测距传感器常用于短距离的障碍检测。

图 3-15　气体传感器

图 3-16　红外测距传感器

6. 红外测障传感器

红外测障传感器是一种集发射和接收为一体的反射式光电传感器,如图 3-17 所示。该传感器具有探测距离远,可通过背面的电位器调节测量范围,不用外加调制信号,受可见光干扰小,价格便宜,易于装配和使用方便等特点,广泛用于机器人避障、互动媒体、工艺流水线等场合。和红外测距传感器不同,本传感器输出信号为数字电路中的低电平和高电平,正常状态输出高电平,检测到目标输出低电平,并有指示灯提示。

7. 触摸传感器

触摸传感器是一个基于电容感应的触摸开关模块,如图 3-18 所示。人体或金属在传感器金属面上的直接触碰会被感应到。除了与金属面的直接触摸,隔着一定厚度的塑料、玻璃等材料的接触也可以被感应到,感应灵敏度与接触面的大小和覆盖材料的厚度有关。

图 3-17　红外测障传感器

图 3-18　触摸传感器

8. 倾斜传感器

倾斜传感器也叫单向倾角传感器,如图 3-19 所示。倾斜传感器是基于钢球开关的数字模块。利用钢球的特性,通过重力作用,使钢球向低处滚动,从而使开关闭合或断开。相对而言,倾斜传感器比水银开关要安全,但灵敏度稍差。

9. 按钮传感器

按钮也算传感器吗? 只要能将外界非电信号转换为电信号的装置,都可以称为传感器,如图 3-20 所示。类似按钮的传感器还有很多,如碰撞传感器、触须传感器。

图 3-19 倾斜传感器

图 3-20 按钮传感器

3.3.4 传感器和 Arduino 的连接

能够在 Arduino 上使用的传感器一般有三条连接线,分为输入电压(标注为"+"或者"5V"、"V$_{cc}$"等)、底线(标注为"−"或者"G"、"GND"等)和输出信号(标注为"S"或者"Output")。这三条线分别和 Arduino 板的对应端口连接。以 DFRobot 生产的光线传感器为例,连接如图 3-21 所示。

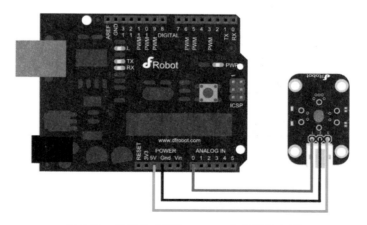

图 3-21 光线传感器和 Ardunio 的连接示意图

　　这样的连接看起来很麻烦，而且容易接错。如果有多个传感器需要同时接入，连接线就更加复杂了。为了使 Arduino 板和传感器的连接更加便捷，一些厂商根据不同需求设计了能方便连接各种传感器（包含其他电子积木）的扩展板。下面介绍 DFRobot 出品的 XBee 传感器扩展板 V5，如图 3-22 所示。

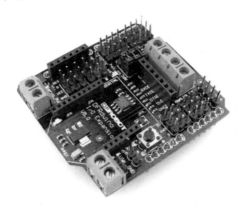

图 3-22　DFRobot 出品的 XBee 传感器扩展板 V5

　　XBee 传感器扩展板 V5 的功能和连接说明如图 3-23 所示。

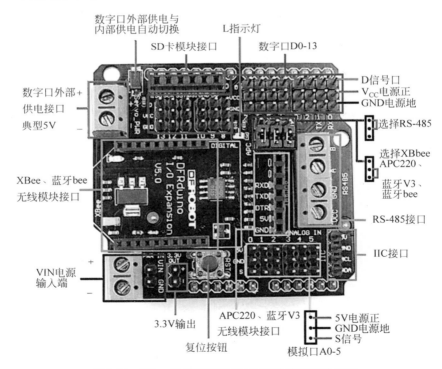

图 3-23　XBee 传感器扩展板 V5 的功能和连接说明

该扩展板采用堆叠的形式和 Arduino
UNO 连接。连接后的效果图如图 3-24 所示。

　　需要注意的是，XBee 传感器扩展板 V5 设
计的数字口和模拟口的线序是不同的。数字
传感器和模拟传感器接入扩展板需要使用不
同的连接线（DFRobot 配套提供）。如数字传
感器要连接数字口 D0～D13，绿色为"信号"，
红色为电源"正"，黑色为电源"地"。模拟传感
器连接线的 3P 杜邦线口的线序分别为"绿、
红、黑"。数字传感器连接线和实物连接如
图 3-25 和图 3-26 所示。

图 3-24　接上扩展板的 Arduino 板

图 3-25　DFRobot 的数字传感器连接线

图 3-26　数字传感器和扩展板连接

　　模拟传感器需要接插到模拟口 A0～A5，红色为电源"正"，黑色为电源"地"，蓝色为
"信号"。模拟传感器连接线的 3P 杜邦线口的线序分别为"绿、红、黑"。数字传感器连接
线和实物连接如图 3-27 和图 3-28 所示。

图 3-27　DFRobot 的模拟传感器连接线

图 3-28　模拟传感器和扩展板连接

3.4 Arduino 的输出设备

3.4.1 Arduino 的常见输出设备

Arduino 支持的输出设备很多，这里不能一一列举。根据互动媒体作品和 S4A 的特点，输出的信息除了图像外，还应该有声音、光效以及其他动作。常见的输出设备如表 3-2 所示。

表 3-2 **Arduino 的输出设备**

设 备 名 称	输出内容	说　　明
直流电机、振动电机	动作	Arduino 板输出的电流很小（不超过 40mA），只能驱动电流很小的直流电机
180°舵机	动作	180°舵机是伺服电机的一种，是一种以角度方式控制且可以定位的电机，其活动的范围为 0～180°
360°舵机	动作	360°舵机是伺服电机中最特殊的一种，可以连续运转，要么正转，要么反转
继电器	动作	如果 Arduino 板想输出与大电流相关的电器开关动作，需要继电器帮助
LED 灯	光效	Arduino 板不仅可以控制 LED 开和关，还可以控制其亮度和色彩的变化
蜂鸣器	声音	在 Arduino 板的控制下，蜂鸣器能播放出简单的 MID 音乐

表 3-2 中的输出设备的具体介绍如下。

1. 直流电机

Arduino 板可以驱动小电流的直流电机。最好选择遥控模型中使用的 9V 以下的电机，如 FF-130SH 电机。这种电机在淘宝网上有很多卖家，价格在 1 元左右，如图 3-29 所示。一般来说，卖家会同时提供与电机配套的齿轮或者风扇叶片。

振动电机也称振动马达、振子，是直流电机中的一种。振动电机在转子轴两端各安装一组可调偏心块，利用轴及偏心块高速旋转产生的离心力得到激振力，如手机的来电振动就是利用这种电机实现的。利用振

图 3-29 **价格仅 0.63 元的小直流电机**

动电机,可以制作一些带特殊提示功能的互动媒体作品。淘宝网上振动电机的价格在 1～5 元,如图 3-30 所示。

　　Arduino 板如果要驱动大电流电机,需要用大功率直流电机驱动器来"扩流"。图 3-31 所示为 L298 直流电机驱动模块。它采用 LGS 公司优秀大功率电机专用驱动芯片 L298N,可直接驱动 2 路直流电机,驱动电流达 2A,电机输出端采用高速肖特基二极管作为保护,驱动部分输入电压最高支持 35V。

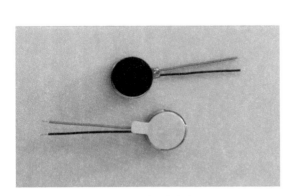

图 3-30　振动电机

图 3-31　L298 直流电机驱动模块

2. 舵机

　　舵机(Servo)是由直流电机、减速齿轮组、传感器和控制电路组成的一套自动控制系统。通过发送信号,来指定输出轴旋转相应的角度。普通直流电机无法实现带角度信息的转动,而舵机可以。

　　舵机有很多规格,专门看外表,180°舵机和 360°舵机几乎完全一样。但是要区分它们,还是很方便。只要用手旋转一下轮子(舵机一般都有轮子之类的配件,如图 3-32 所示),如果可以连续旋转,就是 360°舵机。并不是所有的 180°舵机都正好可以旋转 180°,有些小于 180°,有些能达到 200°。

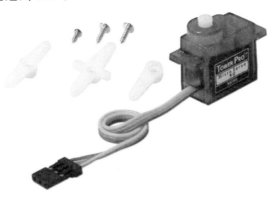

图 3-32　TowerPro 出品的 SG90 微型舵机

3. 继电器

继电器实际上是用较小的电流去控制较大电流的一种"自动开关",如图 3-33 所示。本书将在第 5 章对继电器的应用展开详细分析,这里不再介绍。

图 3-33　DFRobot 出品的继电器模块

4. LED 灯

LED(Light Emitting Diode,发光二极管)是一种能够将电能转化为可见光的固态的半导体器件,如图 3-34 所示。它可以直接把电转化为光,具有体积小、耗电量低、高亮度、低热量、使用寿命长的特点,是互动媒体作品中实现光效功能的最好选择。LED 接上 Arduino 需要串联限流电阻,网上能买到专为 Arduino 设计的 LED 模块,如图 3-35 和图 3-36 所示。

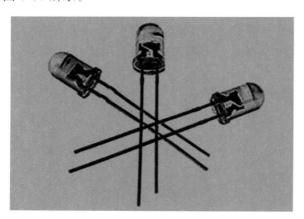

图 3-34　散装的 LED 灯珠

图 3-35　DFRobot 出品的普通 LED 模块

LED 有白、蓝、黄、红等多种颜色,并且只能显示一种颜色。全彩 LED 灯实际上内置了红(R)、绿(G)、蓝(B)三种颜色的灯珠,通过控制不同颜色灯珠的亮度,根据三原色的原理调出多种颜色。常见的 LED 大屏幕都是利用这种原理进行调色,呈现出全彩的效果,如图 3-37 所示。

5. 蜂鸣器

蜂鸣器是一种采用直流电压供电的电子讯响器,广泛应用于计算机、打印机、复印机、

图 3-36　DFRobot 出品的可调亮度 LED 模块

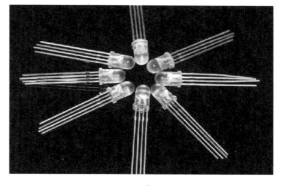

图 3-37　全彩 LED

报警器、电子玩具、汽车电子设备、电话机、定时器等电子产品中作发声器件。虽然互动媒体作品中往往是用计算机音箱来输出声音，但在特定情况下，会直接用蜂鸣器输出声音，如图 3-38 所示。

图 3-38　蜂鸣器模块

3.4.2　Arduino 和输出设备的连接

一般来说，为 Arduino 设计的输出设备和数字传感器一样，都通过三条连接线（全彩 LED 需要四条连接线）接在扩展板的数字口，连接方式和数字传感器基本一致。

虽然为 Arduino 设计的电子积木非常丰富，但如果用户能利用核心电子元件，动手接线，无疑可以节省成本，还能提高自己的硬件水平。参照表 3-2 所示的内容，对输出设备连接方式分类、整理如表 3-3 所示。

表 3-3　输出设备连接说明

设备名称	连 接 说 明	备 注
直流电机	一条引脚和扩展板任意一个 G 口连接，另一条和某个数字口（D）连接，不分正负极	当数字口（D）设为高电平时，电机开始转动
	两条引脚分别和扩展板某两个数字口（D）连接，不分正负极	当数字口（D）一个为低电平，另一个为高电平时，电机开始转动。反之，则电机反向转动

设备名称	连接说明	备注
振动马达	一条引脚和扩展板任意一个 G 口连接,另一条和某个数字口(D)连接,不分正负极	当数字口(D)设为高电平时,马达开始振动
舵机	所有的舵机都要外接三根线,分别用棕、红、橙三种颜色区分。棕色为接地线,红色为电源正极线,橙色为信号线	由于舵机品牌不同,颜色会有所差异,可以根据接线口的样子去判断
继电器	一条引脚和扩展板任意一个 G 口连接,另一条和某个数字口(D)连接,不分正负极	注意,反峰电压会冲击单片机,需要并联一个肖特基二极管
LED 灯	较短的引脚和扩展板任意一个 G 口连接,另一条和某个数字口(D)连接	需要串联一个限流电阻,防止电流过大而烧毁
蜂鸣器	一条引脚和扩展板任意一个 G 口连接,另一条和某个数字口(D)连接,不分正负极	蜂鸣器分有源和无源两种。有源的是一通电就响,标有正负极;无源的需要方波信号驱动,没有正负极。Arduino 中一般使用无源蜂鸣器

在输出设备中,LED 的应用是最广的。下面简要介绍限流电阻的计算方法。

一个 LED 需要大约 10mA 的电流就能发出很明亮的光,而 Arduino 板能提供 50mA 的电流,如果不使用限流电阻,很容易被烧毁。LED 有一个有趣的特征:无论有多大的电流通过,它的两个引脚间的电压差总能保持在 2V 左右。利用这一特征,可以借助欧姆定律计算所需电阻的大小。

Arduino 板数字引脚输出的电压为 5V,因为 LED 上有 2V 的压降,剩下的 3V(5V−2V)就是限流电阻的压降了。我们希望有 10mA 电流流过电路,所以计算出的电阻值应该为

$$R=V/I=3V/10mA=3V/0.01A=300\Omega$$

电阻的阻值都是用标称值标出的,最接近 300Ω 的是 270Ω。其实,LED 可以在 5～30mA 电流下正常工作,所以,270Ω 左右的电阻能够让电路正常工作。LED 和电阻的串联如图 3-39 所示。如果散热良好,超过额定范围也不会烧毁。如果需要经常计算限流电阻,可以参考"LED 限流电阻速算"网页(网页地址:http://my. so-net. net. tw/chufamily/LED_rst/LED_rst. htm),如图 3-40 所示。

图 3-39　LED 和限流电阻接线示意图

小提示:如何判断 LED 的正负极?

一般来说,LED 的长脚为正,短脚为负。也可以根据 LED 里面的芯片大小来判别,小的为正,大的为负。当然,最准确的方法是用万用表来测量。

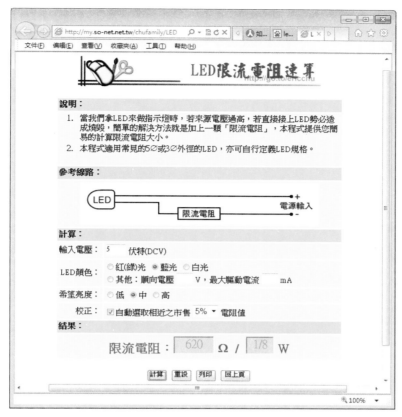

图 3-40　"LED 限流电阻速算"网页

3.5　Arduino 和计算机连接

3.5.1　通过 USB 线连接计算机

Arduino 板和计算机的连接一般采用 USB 连接线。Arduino UNO 设计了 B 型 USB 接口，确保了连接上的稳定，如图 3-41 所示。

计算机第一次接上 Arduino 板，要先安装驱动程序，驱动程序在 Arduino IED 安装目录的 Drivers 文件夹中。下面以 Windows 7 操作系统为例，介绍驱动程序的安装过程，如图 3-42～图 3-47 所示。

驱动程序安装后，在"设备管理器"的"端口"一项中将增加一个 COM 口设备，请记下端口号。如图 3-47 所示，Arduino 和计算机的通信端口是 COM5。

图 3-41　B 型接口 USB 线

图 3-42　打开"设备管理器",找到 Arduino Uno 设备

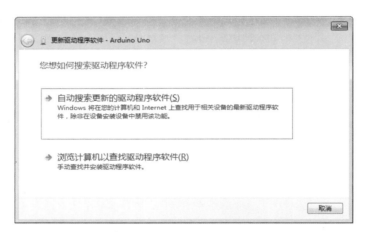

图 3-43　选择"浏览计算机以查找驱动程序软件"

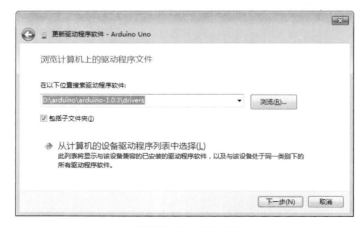

图 3-44　选择驱动程序所在的文件夹

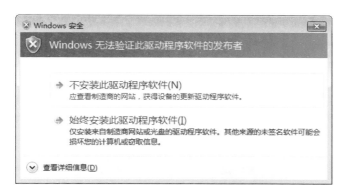

图 3-45　如果系统出现安全提示，选择"始终安装此驱动程序软件"

图 3-46　驱动程序安装完毕

图 3-47　通过设备管理器查看 Arduino 的 COM 口

3.5.2 通过其他方式连接计算机

除了 USB 线外，Arduino 还可以使用其他方式连接计算机，如蓝牙、无线下载器(2.4GB)、无线数传(APC220)、Zigbee 等无线连接方式。这些无线连接设备和说明如表 3-4 所示。

表 3-4 Arduino 的无线连接设备

名　称	图　片	说　明
蓝牙		一种支持设备短距离通信(一般 10m 内)的无线电技术。能在包括移动电话、无线耳机、笔记本电脑、相关外设等众多设备之间进行无线信息交换。利用这个适配器，Arduino 还可以和平板电脑、智能手机连接
无线下载器		这个无线下载器不仅可以通过远程无线的编程方式给 Arduino 下载程序，还可以用作通用的无线数传模块，工作在 2.4GB 频段。在无遮挡的情况下，传输距离达到 20m
XBee		XBee 模块是采用 ZigBee 技术的无线模块，通过串口与单片机等设备通信，能够非常快速地实现将设备接入到 ZigBee 网络的目的。模块采用 802.15.4 协议，数据传输可靠性高、误码率极低。其通信距离达到 100m
APC220		APC220 模块是高度集成半双工微功率无线数据传输模块，嵌入高速单片机和高性能射频芯片，工作频率在 415～455MHz。在开阔地域，通信距离可以达到 1000m

无线连接设备需要两个才可以配对使用。如采用 XBee 连接，还需要一个专用的 USB 适配器，如图 3-48 所示。具体的无线连接范例可以参照本书第 6 章。

图 3-48　**XBee 套件**

💡 **小提示**：无线连接时的供电方案

　　USB 连接线在传输数据的同时，为 Arduino 提供 500mA 电流。如果采用无线方式连接，那如何给 Arduino 供电呢？强烈推荐使用给手机充电的移动电源，它不仅体积小，还可以提供足够大的电流。

你学到了什么

在这一章，你学到了这些知识：

- 了解 Arduino，学会 Arduino IDE 环境的搭建；
- 传感器的作用、类型和常见的传感器；
- Arduino 的各种输出设备；
- Arduino 的几种无线连接设备；
- Arduino 扩展板和常见电子积木的连接方法；
- Arduino 设备驱动程序的安装。

动手试一试

（1）以"Arduino 传感器"为关键字，在淘宝网上搜索 Arduino 支持的传感器，并了解这些传感器的作用。

（2）以"Arduino 互动"为关键字，搜索基于 Arduino 的互动作品，欣赏并分析这些作品用到了哪些输入和输出设备。

（3）收集 Reprap 3D 打印机方面的资料，了解 Arduino 在开源 3D 打印机方面的应用。

（4）ArduBlock 是一款为 Arduino 设计的图形化编程软件，由上海新车间李大维开发，非常适合中小学生学习 Arduino。试着下载并自学该软件，下载地址为 http://blog. ardublock. com/。

（5）Mind＋是由 DFRobot 团队陈正翔开发的 Arduino 图形化编程软件。虽然类似 Arduino 的图形化编程软件已经有好多款，比如 Modkit、Minibloq 和 ArduBlock，但 Mind＋比其他几个有趣些。试着下载并自学该软件，下载地址为 http://www. mindplus. cc/。

（6）访问"谢作如新浪博客"（http://blog. sina. com. cn/xiezuoru），下载 Arduino for Scratch 的固件，试着把 Arduino 板打造成 Scratch 传感器板，体验 Scratch 传感器板的功能。

第 4 章　S4A 和 Arduino 的互动

在第 2 章中我们学会了编程,第 3 章中准备好了硬件,接下来要开始制作精彩的互动媒体作品了。其实,Arduino 自身就是一个控制板,脱离了 S4A 也能做互动媒体作品。但是,用 S4A 来控制 Arduino,技术门槛会更低一些,也更加有趣。

4.1　S4A 和 Arduino 的连接

4.1.1　给 Arduino 写入固件

还记得 S4A 启动后,舞台上出现的默认角色和"Searching board"的提示吗?那是因为 S4A 在寻找 Arduino 的电路板,如图 4-1 所示。若已经接上 Arduino,S4A 还是找不到,别急,要想让 S4A 找到 Arduino,要先给 Arduino 写入一个特定的 Firmware(固件)。

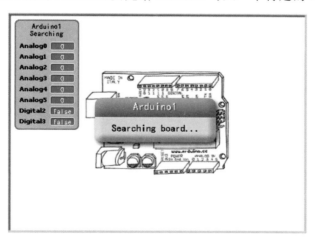

图 4-1　S4A 在搜索 Arduino 设备

> **小提示：S4A 默认的角色是什么型号的板子?**
>
> S4A 默认的角色造型是一块电路板,但它不是 UNO,而是 Arduino 的另一个型号,叫 Duemilanove,是 UNO 的前身。如果手头没有 UNO,也可以使用 Arduino 其他型号的板子和 S4A 连接,如 Duemilanove 等。

Firmware 是要写入 Arduino 芯片的程序,其实就是用 Arduino IED 编写的程序。SA4

的开发团队在官方网站上提供了 Firmware 供下载，最新的版本是 1.5（下载地址为 http://s4a.cat/），如图 4-2 所示。

单击"Downloads"，找到"Download our firmware from here"。文件名为 "S4AFirmware15.ino"。

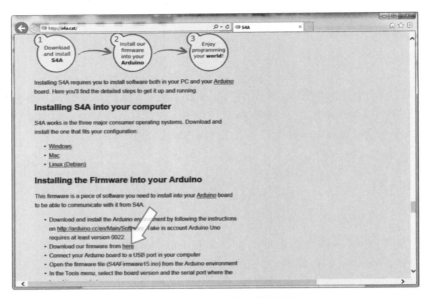

图 4-2　Firmware 的下载页面

将 Firmware 下载到计算机后，用 Arduino 的 IDE 软件打开，如图 4-3 所示。

图 4-3　用 Arduino IDE 打开 Firmware

在"工具"菜单中选择板卡型号、串口。如果忘记了怎么查看计算机连接 Arduino 的串口，请参照上一章关于"Arduino 和计算机的连接"部分。

正确选择板卡的型号和串口后，单击 ⏺，进行编译下载（Upload）。Arduino 板子的 TX 和 RX 指示灯将快速闪烁，数秒钟后，Arduino 的状态栏中出现"Done uploading"（中文为"下载完毕"）的字样，表示下载成功。

> 📝 小提示：出现红色的错误提示怎么办？
>
> 　一般来说，Arduino 的编译和下载都会很顺利。如果出现了红色的错误提示，请先检查板卡型号和串口设置是否正确，是否有其他程序占用了这个串口，比如 S4A 之类的软件要先关闭。如果都确认无误，但还是下载失败，请试着把连接到 Arduino 板子上的扩展板取下，再进行下载。有时候，需要重新启动一次计算机。

4.1.2　让 S4A 找到 Arduino

下载成功后，请先关闭 Arduino 的 IDE 软件，再打开 S4A（为了避免串口被占用，其他和串口相关的软件最好都关闭）。稍等片刻，可看到 Arduino 监视器上快速变化的数字，如图 4-4 所示，这标明已连接成功。

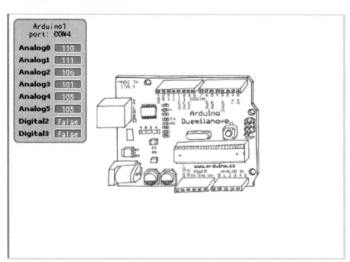

图 4-4　连接成功后，监视器上的数字在随机变动

一般来说，S4A 会在计算机所有的串口中寻找 Arduino 板。如果没有找到，也可以试试手动指定串口号。具体方法为：在 Arduino 监视器上右击，选择"stop searching board"，再选择"选择序列号或 USB 接口"，如图 4-5 所示。如果计算机上接了多块 Arduino 板，可以用这种方法指定连接其中的某一块。

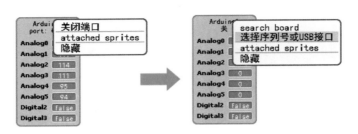

图 4-5　手动指定 Arduino 的串口号

4.2　传感器信息的获取

4.2.1　传感器信息的使用

仔细观察 S4A 的监视器,会发现一个奇特的现象:虽然没有接上传感器,但是数值在不断地变化。一旦接上了传感器,显示出来的数值比较稳定,不会毫无规律地变化。

S4A 提供了 6 组模拟口和 2 组数字口作为传感器的输入口,指令块的功能说明如表 4-1 所示。

表 4-1　指令块的功能说明

指　令　块	作　　用	相关端口	相关传感器
value of sensor Analog0	获取传感器数值	模拟口 0～5 数字口 2、3	各种模拟传感器、数字传感器
sensor Digital2 pressed?	判断数字传感器是否连通	数字口 2、3	各种数字传感器,如按钮、触摸传感器

使用 Analog1 sensor 来获取传感器的数值非常方便,其使用方法和角色、鼠标的坐标、变量的使用方法完全一样。模拟传感器的值在 0～1023,数字传感器的值为"ture"(成立)或者"false"(不成立)。

仅仅让默认的角色使用这些信息肯定是不够的,何况要设计互动媒体作品。那么,其他角色怎么使用这些传感器信息呢?下面提供三种方法。

方法一:给默认角色换造型。

如果觉得默认角色的造型不好看,可以换一个造型。对于传感器数值的判断,就交给默认角色来完成;然后,由默认角色发送广播给其他角色。

方法二:使用全局变量。

添加全局变量,然后写一个循环,重复把变量的值设定为某个传感器的值。因为任何角色都可以使用全局变量,调用起来很方便。参考脚本如图 4-6 所示。

图 4-6　把数字口 2 的值赋给全局变量"倾斜"

方法三：使用默认角色的局部变量。

添加局部变量,同样用循环重复把这个局部变量的值设定为某传感器的值。其他角色要使用传感器数值的时候,就在"侦测"中调用,角色的局部变量会在"音量"下方显示,如图 4-7 所示。

如果想偷懒,可以一次性定义 8 个局部变量。用循环把 6 个模拟传感器和 2 个数字传感器的值取出来,然后把这个文件保存下来,作为模板。也可以把这个角色导出为一个独立文件,需要的时候再导进来。具体脚本如图 4-8 所示。

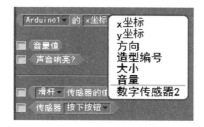

图 4-7　调用默认角色的局部变量

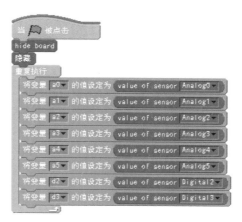

图 4-8　把所有的传感器数值赋给 8 个局部变量

> 想一想:为什么要在重复执行前加上"隐藏"和"hide board"呢?

值得注意的是,S4A 中导出的角色文件分为两种:一种是和 Scratch 通用的角色文件,扩展名是 .sprite,用舞台下方的 图标导入;另一种是 S4A 专用的角色文件,扩展名是 .arduinosprite,这种角色要用 图标导入。

4.2.2　传感器输入范例——阳光牧场

1. 作品描述

默认显示一张美丽的牧场风景。当光线很暗的时候,牧场的景物也变得很暗;当光线变亮的时候,景物随之变亮。

2. 材料清单

光线传感器×1(Arduino 板和扩展板为基本材料,所以不包含在材料清单中)。

3. 连接说明

光线传感器接到扩展板的模拟口 0(A0),放在能接受到光线变化的地方。实物连接图可以参考第 3 章的图 3-28。

4. 角色列表

默认角色(Arduino1),修改其造型为牧场图片,如图 4-9 所示。

图 4-9　牧场图片

5. 参考脚本

脚本写在默认角色上,如图 4-10 所示。

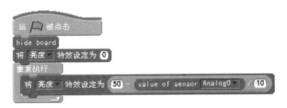

图 4-10　参考脚本

6. 作品点评

因为 S4A 的模拟传感器的值在 0～1023,DFRobot 的光线传感器在室内的数值一般为 500 左右,光线越亮,数值越小,所以先除以 10,再用 50 相减,使角色的亮度效果处于 −50～50。当然,因为不同光线传感器的数值不同,具体的效果需要调试后才能找到最准确的参数。这个作品虽然简单,却很能体现互动媒体的"互动",运行效果如图 4-11 所示。

图 4-11　光线亮和暗时的牧场景物变化

7. 作品优化

如果再制作几个小动物在牧场上生活,光线亮就自由运动,并不时发出叫声(要使用随机数);当光线一暗,就隐藏起来,不发出声音,那么,这个简单的互动作品就有趣起来了。

4.2.3　传感器输入范例——互动跷跷板

1. 作品描述

显示一个跷跷板,两个小朋友坐在跷跷板上,可以用一个小盒子控制跷跷板的方向。盒子向右倾斜,跷跷板也向右倾斜;盒子向左倾斜,跷跷板向左倾斜。

2. 材料清单

单向倾角传感器×1,小盒子一个(可以用手机包装盒)。

3. 连接说明

单向倾角传感器连接在扩展板数字口 2,Arduino 板子和传感器都装到一个盒子中。调整单向倾角传感器的位置。当盒子向左的时候,传感器的状态是"成立"(True,即按下的状态)。

4. 角色列表

默认角色(Arduino1)、坐着小孩的跷跷板。

5. 参考脚本

默认角色和跷跷板角色都要编写脚本。其中,默认角色将倾角传感器的值赋给全局变量"倾斜",跷跷板角色重复判断"倾斜"变量的值,然后调整自己的方向。参考脚本如图 4-12 和图 4-13 所示。

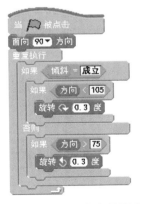

图 4-12　**默认角色的参考脚本**　　　　图 4-13　**跷跷板角色的脚本**

6. 作品点评

这是一个比较完整的互动媒体作品,美工方面也做得不错。因为倾角传感器的限制,无法让跷跷板固定在平衡的状态,要么向左,要么向右。所以在演示的时候,要注意传感器左右倾斜的节奏。循环中的两个判断对跷跷板的旋转角度进行了限制,不会一直旋转,运行效果如图 4-14 所示。

为了让跷跷板的旋转看起来更加真实,应该在跷跷板的上层再加一个角色(跷跷板的支撑部件),如图 4-15 所示。当然,舞台上的背景也是不可忽略的。

图 4-14　运行效果图

图 4-15　跷跷板的支撑部件

小提示:S4A 中的"层"

S4A 的角色在舞台上的叠放次序是可以设定的,和 Flash、Photoshop、Word 等软件一样,具有"层"的概念。在"外观"中有 移至最上层 和 下移 1 层 指令块。当在舞台上选中某角色时,该角色就自动移到最上层。

7. 作品优化

因为倾角传感器只能返回两种状态,所以无法获取盒子的平衡状态。其实,只要再增加一个倾角传感器,就可以获取盒子的"左"、"右"和"平衡"这三种状态,如图 4-16 所示。

(a) 当两个传感器都是"真"时,盒子平衡

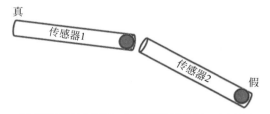

(b) 当传感器1为"真",传感器2为"假"时,盒子向左

图 4-16　两个倾斜传感器的组合

(c) 当传感器1为"假"，传感器2为"真"时，盒子向右

图　4-16（**续**）

从图 4-16 可以看出，多个传感器的组合能实现意想不到的功能。对于互动媒体作品的创作来说，创意是关键，编程和硬件的创意都很重要。两个传感器组合的脚本并不难写，读者可以试着写出来。

✏️ **小提示**：如何获得更多的角度信息

如果希望获取具体的物体倾斜角度，可以使用 MMA7361 或者 ADXL335 芯片的加速度传感器，如图 4-17 所示。加速度传感器能对物体的姿态或者运动方向进行检测，返回模拟值，需要接在模拟接口上。

图 4-17　MMA7361 加速度传感器

▌4.3　外部动作的输出

4.3.1　S4A 的动作输出指令块

S4A 能输出哪些动作？S4A 并没有提供具体的帮助文档，为方便 S4A 爱好者，笔者对照 S4A 的固件代码（1.5 版）和默认角色（Arduino1）上的指令块整理了一份功能列表，具体见表 4-2。

表 4-2　S4A 的动作输出指令块列表

指　令　块	作　　用	相关端口	相关电子积木
digital 13 on	设定端口高电平	数字口 10、11、12、13	LED 灯、继电器等
digital 13 off	设定端口低电平	数字口 10、11、12、13	LED 灯、继电器等
analog 5 value 255	设定端口电压（PWM）	数字口 5、6、9	LED 灯、小直流电机、蜂鸣器等
motor 4 off	关闭电机	数字口 4、7	360°舵机
motor 4 direction clockwise	设定电机顺时针或者逆时针旋转	数字口 4、7	360°舵机
motor 8 angle 180	设定舵机角度	数字口 8	180°舵机
reset actuators	复位		
stop connection	停止连接		
resume connection	重新连接		
hide board	隐藏传感器面板		
show board	显示传感器面板		

注：本表根据 S4A 1.5 版本整理，和 1.4 版本有所区别。

从表 4-2 可以看出，S4A 不仅支持 LED、小直流电机、继电器等常见的输出设备，还支持 180°和 360°的舵机。其中，360°的舵机可以连续旋转，结合无线连接设备，完全可以让 S4A 遥控一辆汽车模型。

需要注意的是，5、6、9 端口可以设定输出模拟电压（PWM），数值在 0～255，对应着 0～5V 的电压。利用这几个端口可以控制电风扇转动快慢（小直流电机）、灯光的强弱变换等互动效果。当然，要实现灯光的强弱变换，还得使用可调亮度的 LED 灯。

小提示：什么是 PWM？

脉冲宽度调制（PWM）是一种使用数字控制产生占空比不同的方波来控制模拟输出的方法。通俗地说，因为单片机只能输出 5V（高）和 0V（低）电压，如果要输出 2.5V 电压，就在单位时间内，一半时间输出 5V，一半时间输出 0V。由于切换的频率高，感觉就和 2.5V 一样。调整 5V 和 0V 的比例，就输出了 0～5V 的不同电压。这和利用视觉暂留播放动画的原理是类似的。

4.3.2　光效输出范例——流水灯

1. 作品描述

在 Arduino 板上接出 3 支 LED 灯，可以通过计算机控制这 3 支 LED 灯的亮、暗次序，显示出流动的效果，类似大街上常见的霓虹灯效果。

2. 材料清单

LED 模块×3。

3. 连接说明

LED 灯分别接在数字口 10、11、13。

4. 角色列表

默认角色（Arduino1），3 个 LED 灯角色，两个按钮（角色）分别控制流水灯的流动顺序，如图 4-18 所示。

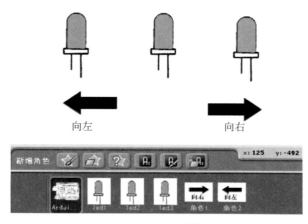

图 4-18　角色列表

5. 参考脚本

每个角色都要编写脚本，具体参照如图 4-19～图 4-22 所示。

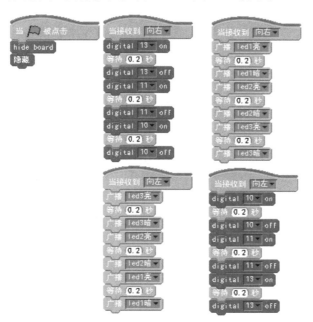

图 4-19　默认角色的参考脚本

图 4-20　LED 角色的参考脚本　　　图 4-21　"向右流动"　　　图 4-22　"向左流动"
　　　　　　　　　　　　　　　　　　　　　　角色的脚本　　　　　　　　角色的脚本

6. 作品点评

　　流水灯控制是学习单片机的入门练习。使用 S4A 控制 LED 灯，编程非常简单，效果也很明显。在演示中，你会发现电脑屏幕上的 LED 和 Arduino 板上真实的 LED 同步流动，虚实结合，非常有意思。

7. 作品优化

　　如果能提供足够多的 LED 灯，还可以接在 5、6、9 口上，形成 LED 灯阵列，可观赏性更强。可以利用 `analog 5 value 255` 将 5 号口的 value 值设为"255"，就是最亮状态；设为"0"，就等于关闭。

　　如果让 S4A 控制一排（6 支）LED 流水灯，用淘宝网上买到的成品来组装，显示效果总不好，价格也高。建议自己动手做一排 6 支的 LED 灯阵列。淘宝网上 LED（发光二极管）价格非常便宜，一般 50 个起卖，5 元左右；再买一块洞洞板和一包 $1k\Omega$ 左右的色环电阻，用电烙铁把电阻和 LED 的正极串联起来；最后用杜邦线和扩展板连接，就能做出一个漂亮的流水灯阵列，如图 4-23 和图 4-24 所示。LED 和电阻的连接请参照第 3 章的相关内容。

 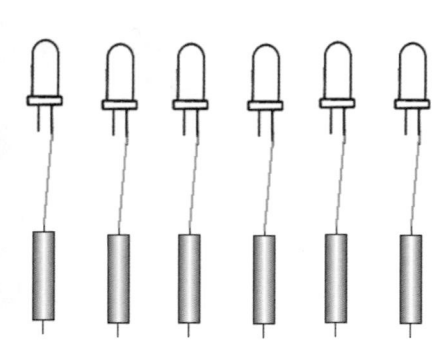

图 4-23　**万能洞洞板**　　　　　　　　图 4-24　**LED 灯阵列示意图**

　　当然，如果接上更多的 LED 灯，最好使用变量来控制 LED 角色的更换造型，脚本会更简洁些。如果还想控制更多的 LED 灯，请研究一下查理复用（charlie-plexing）技术。利用查理复用技术连线，只要 4 个输出引脚就可以驱动一组 12 个 LED 的阵列。

4.3.3　动作输出范例——智能起落杆

1. 作品描述

一个模拟车库（高速公路）入口的智能起落杆。当测障传感器前面有障碍物的时候，

画面中出现汽车,然后舵机转动,起落杆升起。1 秒后,汽车离开,舵机转动。

2. 材料清单

180°舵机×1,红外测障传感器×1。

3. 连接说明

红外测障传感器接在数字口 2,180°舵机接在数字口 8。

4. 角色列表

默认角色(Arduino1),将造型改为"起落杆",汽车角色,如图 4-25 所示。

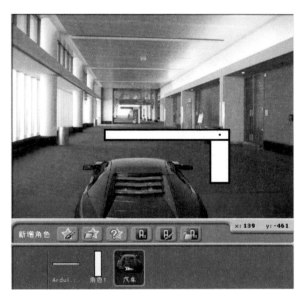

图 4-25　作品界面截图及角色列表

需要注意的是,在角色造型的"绘图编辑器"中,要将长方形往左边移动,让长方形右边的"黑点"处于编辑窗口的中间。这样,起落杆的升降就比较真实了,如图 4-26 所示。

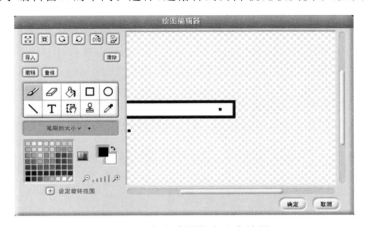

图 4-26　角色造型的中心点控制

5. 参考脚本

默认角色和汽车角色都要编写代码,如图 4-27 和图 4-28 所示。

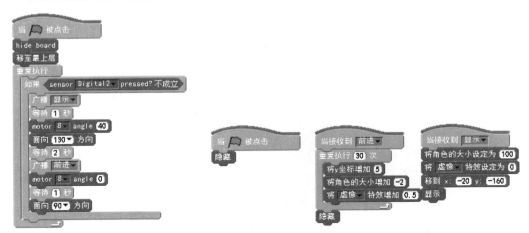

图 4-27 **默认角色的参考脚本**　　　　　图 4-28 **汽车角色的参考脚本**

6. 作品点评

这是一个同时涉及输入和输出的作品。在学习机器人之类的智能控制的课程中,也会做类似的作品。它们之间的区别在于互动媒体作品的控制由计算机完成,机器人课程的控制由单片机完成。此外,这个作品中加了直观显示效果,显示器上的起落杆和真实的杆子同时上升、下降,虚实同步。因为舵机的转动需要时间,所以脚本中需要加上适当的延时。

7. 作品优化

可以使用"计次循环",如循环 10 次,然后在循环中逐步增加旋转角度,合理设置延时,使"虚""实"起落杆同时起落,互动效果更佳。此外,作品中降下起落杆时并没有检测障碍物是否离开,需要进一步完善。

> 小提示:为什么一接上舵机,S4A 就出错?
>
> 　　电流过大,会导致 Arduino 板子停止工作。如果使用的舵机需要的电流较大,接上扩展板或者旋转的时候,Arduino 会停止工作(S4A 会出现搜索设备的提示),此时,需要给 Arduino 外接电源。舵机的工作电压在 4.8~6V,具体接口请参照第 3 章关于扩展板的介绍。

4.4 互动的奥秘

4.4.1 S4A 和 Arduino 的通信原理

S4A 和 Arduino 是如何通信的?相信大家对此非常好奇,下面就来分析"互动"的奥秘。图 4-29 是 S4A 和 Arduino 的通信流程原理图。

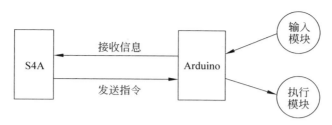

图 4-29　S4A 和 Arduino 的通信流程

以范例"智能起落杆"为例,当测障传感器发现有障碍的时候,输出低电平信号给 Arduino,Arduino 再将信息发送给 S4A。S4A 经过计算,发送转动舵机的指令给 Arduino。Arduino 接收到指令后,输出脉冲信号给舵机,舵机转动一定的角度。

可以确定,Arduino 在这个过程中起到一个"中介"的作用,成为 S4A(计算机)和输出、执行模块的桥梁。Arduino 和计算机的通信,是采用 RS-232 协议进行的。

> 📖 **小提示**:什么是 **RS-232** 协议?
>
> RS-232 是串行数据接口标准,是 PC 与通信行业中应用最广泛的一种串行接口。RS-232 被定义为一种在低速率串行通信中增加通信距离的单端标准,采取不平衡传输方式,即所谓单端通信。一般个人计算机上会有一组 RS-232 接口,称为 COM1。Arduino 和计算机的连接也是采用 RS-232 协议,不过是用 USB 协议虚拟而成。

4.4.2　S4A 的固件代码分析

通过分析 S4A 的固件代码,就可以了解到 Arduino 和 S4A 的通信规则了。

用 Arduino IDE 或者记事本打开 S4AFirmware15.pde(如何下载 S4AFirmware15.pde,详见 4.1.1 小节),如图 4-30 所示。推荐使用 Editplus。Editplus 是一款优秀文字编辑器,非常适合编辑或者查看代码类的文件。

图 4-30 中第 27 行"Serial.begin(38400);"告诉我们,串口的波特率是 38400bps。利用串口连接工具,如 SSCOM(已经收录在本书配套光盘中),也可以直接用 Arduino IDE,将波特率设置为 38400bps,然后正确选择 COM 口,就可以收到 Arduino 发送的信息了,如图 4-31 所示。

注意:运行串口连接工具前,要先关闭 S4A,不然会提示串口冲突。

> 📖 **小提示**:什么是波特率?
>
> 在电子通信领域,波特率(Baud rate)即调制速率,指信号被调制以后在单位时间内的变化,即单位时间内载波参数变化的次数。它是对符号传输速率的一种度量。1 波特即指每秒传输 1 个符号。S4A 设定串口波特率为 38400bps。

图 4-30　S4A 固件的代码

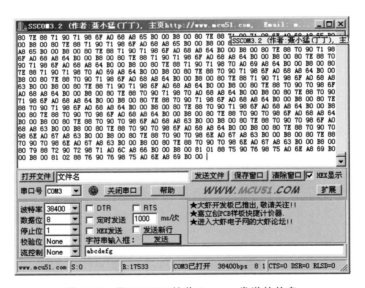

图 4-31　用 SSCOM 接收 Arduino 发送的信息

可以发现 SSCOM 接收到的是一串看似乱码的数字和字母,并且在不断地变化,如
"81 34 89 4E 91 4D 99 45 A1 2E A9 1C B7 7F B8 00"。其实,这些数字和字母都分别代
表了一定的信息。其规则如下:

(1) Arduino 每次发送 16 个字节(32 个 ASCII 字符)作为一组数据。其中,每 2 个字
节表示一个传感器的信息。S4A 共定义了 8 个传感器,其中模拟传感器 6 个(A0～A5),
数字传感器 2 个(D2 和 D3)。

（2）每 2 个字节中，前一个大于 127（也称高字节），后一个小于 127（也称低字节），二者结合，包含了传感器的编号和数值两种信息。其中，高字节中的 2～5 四个位表示端口，6～7 和低字节的 2～8 合并为十个位的数据，表示传感器数值。如"81"转化为二进制为"10000001"，"34"转化为二进制为"00110100"。端口编号为"0000"，转化为十进制为"0"；传感器数值为"0010110100"，转化为十进制为"180"。"81 34"表示 A0 口的传感器数值为 180。这一"解码"计算过程如图 4-32 所示。

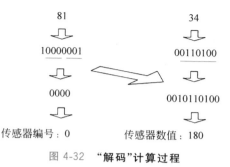

图 4-32　"解码"计算过程

在固件的代码中，能找到传感器编号和数值的编码过程如下：

```
void ScratchBoardSensorReport(int sensor, int value)
                                    //PicoBoard protocol, 2 bytes per sensor
{
  Serial.write( B10000000
              |((sensor & B1111)<<3)
              |((value>>7) & B111));
  Serial.write(value & B1111111);
}
```

为了验证这一编码和解码规则，笔者特意用 VB 写了一款数据采集工具，运行界面如图 4-33 所示，运用这一工具可以正确读出 Arduino 发送的传感器信息。该工具可以通过笔者的博客下载。

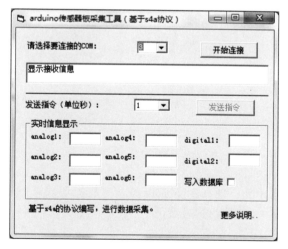

图 4-33　VB 写的 Arduino 的数据采集工具

4.4.3　固件代码中的更多秘密

如果有兴趣深入学习 Arduino，S4A 的固件是一个非常好的学习范例。在范例中，能

学到很多编程的技巧。例如，会发现 S4A 的固件要求 Arduino 对传感器采样 5 次，然后输出 5 个数值中的中间值，以提高传感器信号的保真度。具体代码如下：

```
void sendSensorValues()
{
  int sensorValues[6], readings[5], sensorIndex;
    for(sensorIndex=0; sensorIndex<6; sensorIndex++)
        //for analog sensors, calculate the median of 5 sensor readings in order
            to avoid variability and power surges
    {
      for(int p=0; p<5; p++)
        readings[p]=analogRead(sensorIndex);
      InsertionSort(readings, 5); //sort readings
      sensorValues[sensorIndex]=readings[2]; //select median reading
    }

    //send analog sensor values
    for (sensorIndex=0; sensorIndex<6; sensorIndex++)
      ScratchBoardSensorReport(sensorIndex, sensorValues[sensorIndex]);

    //send digital sensor values
    ScratchBoardSensorReport(6, digitalRead(2)? 1023: 0);
    ScratchBoardSensorReport(7, digitalRead(3)? 1023: 0);
}

void InsertionSort(int * array, int n)
{
  for (int i=1; i<n; i++)
    for (int j=i; (j>0) && (array[j]<array[j-1]); j--)
      swap(array, j, j-1);
}

void swap (int * array, int a, int b)
{
  int temp=array[a];
  array[a]=array[b];
  array[b]=temp;
}
```

S4A 的舵机怎么选择呢？现在 180°舵机和 360°舵机还缺乏标准，S4A 定义舵机是怎样的呢？在下面的代码中，也能找到答案。

```
void servomotorC (int pinNumber, int dir)
{
  if(dir==1) pulse(pinNumber, 1300);        //clockwise rotation
  else if(dir==2) pulse(pinNumber, 1700);   //anticlockwise rotation
}

void servomotorS (int pinNumber, int angle)
```

```
{
    if (angle<0) pulse(pinNumber, 0);
    else if (angle>180) pulse(pinNumber, 2400);
    else pulse(pinNumber, (angle * 10)+600);
}
```

看明白了吗？360°舵机(servomotorC)采用 1.3ms 和 1.7ms 两种长度的脉冲,分别代表正转和反转。180°舵机(servomotorS)则采用 600～2400μs 长度的脉冲,表示 0～180°。

注意：购买舵机时,要把这一信息告诉卖家。

固件中更多的秘密有待读者继续研究。

4.5　综合创意设计

4.5.1　综合创意设计范例——手势控制的流水灯

1. 作品描述

可以用手势来控制流水灯的"流动"方向,实现类似虚拟翻书的效果。只不过显示的效果不是书的翻动,而是灯光的闪烁顺序。

2. 材料清单

LED 模板×3,红外测障传感器×2。

3. 连接说明

LED 分别接在数字口 10、11、13,红外测障传感器接在数字口 2、3,然后固定在同一平面上,相隔约 20cm,如图 4-34 所示。

4. 角色列表

默认角色(Arduino1),三个 LED 灯角色。

5. 参考脚本

DFRobot 红外测障传感器没有检测到障碍,返回 true,即"sensor pressed"为真。默认角色的脚本如图 4-35 所示。LED 角色的脚本和范例"流水灯"一样,请参考图 4-19～图 4-22。

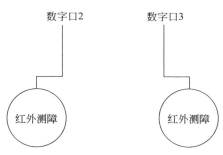

两个传感器都固定在一个平面上

图 4-34　**传感器安装示意图**

6. 作品点评

这个作品是在"流水灯"的基础上增加了手势控制的功能,脚本中"向右"和"向左"广播都重复执行了 5 次,是为了让效果更加明显。手势识别是当前的技术热点,本范例利用两个测障传感器,判断类似翻书的手势。结合流水灯效果,可玩性强。

7. 作品优化

除了使用测障传感器外,也可以用测距传感器来实现这样的功能。当然,利用两个传感器识别手势,毕竟具有一定的局限性。利用摄像头(参考第 7 章)或者 Kinect 体感器的

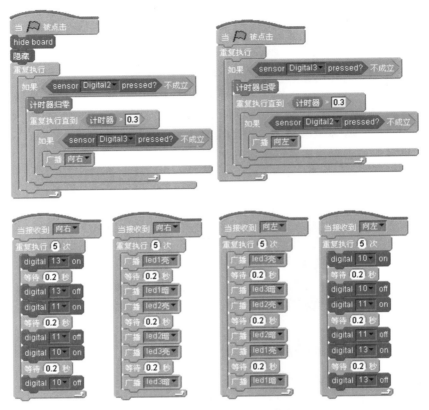

图 4-35　**默认角色的参考脚本**

识别能力,可以做出更多的互动效果。

互动媒体讲究自然融入的人机交互。试着思考:用这个简单的手势识别除了能翻书和控制流水灯外,还可以控制什么呢?

下面提供一些参考想法,如果感兴趣可以试着做出来。

想法一:用手势改变音乐的播放次序。向左就播放上一首,向右就播放下一首。

想法二:用手势控制角色更换造型。听说过川剧艺术中的"变脸"吗?手一挥就变。把传感器上下放置,向上挥手,回到默认造型;向下挥手,换一个随机造型。

4.5.2　综合创意设计

下面设计一款互动媒体作品。要想设计出有趣、充满创意的作品,不能一味地苦思冥想,而要多去参观科技馆、展览厅等地方,多参考他人的作品。

一个优秀的互动媒体作品应该具有哪些特征?其一,应该与众不同,具有创新性;其二,应该具有互动特征,交互自然,有一定的科技含量;其三,应该是科技和艺术的结合体,有趣、好玩,能吸引人。

设计一款作品,最好能进行比较系统的规划,如表 4-3 所示,试着在设计过程时填写。表格的内容其实就组成了一个作品设计文档,注意以下四点。

（1）技术的应用：输入、处理和输出各个环节使用的技术（如传感器）是否有优化的必要。

（2）脚本的优化：算法是否比较优秀，脚本是否比较简洁，注释是否清晰等。

（3）作品的呈现：互动是否可以更加精彩、生动，作品的名称是否合适，表现的主题是否有价值等。

（4）文档的写作：语言表达是否准确，必要的细节是否介绍清楚，必要的文件是否都收集在压缩包中等。

表 4-3　互动媒体作品设计表

项　　目		内　　容
作品描述		
表现主题		
材料清单	输出	
	输入	
连接说明		
角色列表	角色 1	
	角色 2	
	角色 3	
核心脚本		
创新点		
下一步的改进		

小提示：如果 Arduino 的输入或输出口不够用，怎么办？

如果设计的互动作品很复杂，需要接很多输入或者输出设备，要考虑再接一块 Arduino。S4A 支持多块 Arduino 板子的接入。可以复制默认角色（Arduino1），也可以用 图标新增。

注意：新增加的 Arduino 角色可以和原来的角色使用同一个 COM 口，也可以使用新的 COM 口。一块 Arduino 板子对应一个 COM 口，通过设备管理器可以查看板子对应的 COM 口，具体操作请参考 3.5.1 小节。

你学到了什么

在这一章，你学到了以下知识：

- Arduino 程序的下载（烧录）过程，给 Arduino 烧录最新的 S4A 固件；
- 获取传感器信息的办法，并能利用传感器的数值编写程序；
- 根据作品的需求选择传感器，学会传感器和 Arduino 的连接；
- 多个传感器结合使用的方法；
- 输出各种动作的办法，能够点亮 LED 灯，能够驱动舵机；
- 完成多个互动媒体的范例。

动手试一试

(1) 以"Arduino 传感器"为关键字,在淘宝网上搜索 Arduino 支持的传感器,并了解这些传感器的作用。

(2) 参考单向倾角传感器的原理,设计一款能返回物体 6 个角度信息的传感器,并画出原理图。

(3) 完善"阳光牧场",在牧场上添加几个小动物,光线亮就自由运动,并不时发出叫声;当光线一暗,就隐藏起来,不发出声音。

(4) 呼吸灯,顾名思义,是指在微电脑控制之下,灯光由亮到暗地逐渐变化,感觉像是在呼吸。呼吸灯广泛用于数码产品、计算机、音响、汽车等各个领域,起到很好的视觉装饰效果。用 S4A 做一只呼吸灯。想一想,哪几个口可以输出高低不同的电压?

(5) "智能起落杆"中并没有检测障碍物是否离开,就降下了起落杆,应该做到障碍离开才放下杆子。如要实现这一效果,脚本应该如何修改?(提示:使用"直到……前都等待着"指令块,以"数字口 2"等于""为条件。)

(6) 在淘宝网上能买到一种全彩的 LED 灯模块,其需要用 4 条线和 Arduino 连接。试着用 S4A 控制这种全彩 LED 灯,通过控制 3 个端口的 PWM 值大小,能调制出很多种灯光颜色。

(7) 给 S4A 接上两块 Arduino,然后用其中一块板子的传感器控制另外一块板子的 LED 灯。

(8) 如果要让 S4A 驱动电压高于 5V 的直流电机,一般要用到大功率驱动板,如 L298N 直流电机驱动模块。试着用 S4A 编程来驱动两个直流电机的左右转向,然后设计一款 S4A 机器人(也可以直接用两个 360°舵机来设计)。

第5章　体验智能家居

S4A 能通过 Arduino 控制 LED 灯，但是能否控制如电灯、电风扇、电视机之类的 220V 家用电器？听起来有点不可思议，其实答案是肯定的。只要大胆想象，大胆设计，甚至可以用 S4A 控制家里的所有家用电器。这就是现在很热门的技术——智能家居。

5.1　智　能　家　居

5.1.1　传统家居和智能家居

智能家居是以住宅为平台，兼备建筑、网络通信、信息家电、设备自动化，集系统、结构、服务、管理为一体的高效、舒适、安全、便利、环保的居住环境。1984 年，世界上第一幢智能建筑在美国出现，加拿大、欧洲、澳大利亚和东南亚经济比较发达的国家和地区先后提出了各种智能家居方案。现在，智能家居技术在美国、德国、新加坡、日本等国家都有广泛应用。

智能家居和传统家居的最大区别在于用电器的开关控制，由过去的人工手控，变成用计算机智能控制。传统家居电路如图 5-1 所示，是通过直接控制开关的形式来控制灯光（家用电器）。而在智能家居电路中，控制计算机和开关、灯光（家用电器）都连到配电箱，通过计算机使用弱电（蓝线）控制开关的形式，以达到控制灯光（家用电器）的目的，如图 5-2 所示。

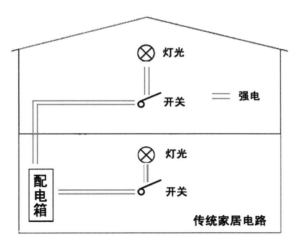

图 5-1　传统家居电路（以灯光为例）

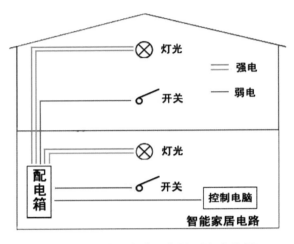

图 5-2　智能家居电路示意图（以灯光为例）　　　　图 5-3　PC 智能家电控制盒

5.1.2　智能家居控制器

在淘宝网上输入"智能家居控制器"，可以找到很多智能控制器产品。"PC 智能家电控制盒"就是一款典型的产品，如图 5-3 所示。它是利用计算机的并口，实现对家用电器的控制，功能很强大。其控制软件界面如图 5-4 所示。

PC 智能家电控制盒的网址是：http://item.taobao.com/item.htm？id＝12974109208。

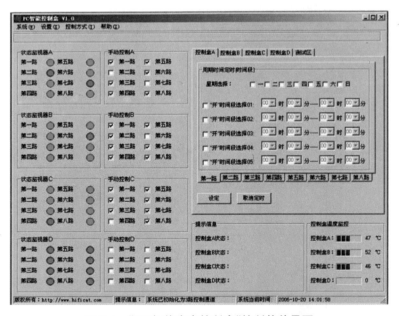

图 5-4　"PC 智能家电控制盒"控制软件界面

上一章学习了让 S4A 输出高、低电平信息，点亮 LED 灯。如果接在扩展板上的是继电器开关，就能利用继电器以弱电控制强电的特点，控制工作在 220V 电压下的家用电器。对于"PC 智能家电控制盒"控制软件中的功能,S4A 几乎都可以完成。

5.2 继电器和继电器模块

5.2.1 继电器

继电器(relay)是一种当输入量的变化达到规定要求时,在电气输出电路中使被控量发生预定变化的电控制器件。继电器通常应用于自动化的控制电路中,它实际上是用弱电控制强电的一种"自动开关",在电路中起着自动调节、安全保护、转换电路等作用。

按工作原理或结构特征分类,继电器分为电磁继电器、固体继电器、温度继电器、舌簧继电器和时间继电器等。其中最常见的是电磁继电器,如图 5-5 所示。电磁继电器很便宜,在淘宝网上花 1～2 元钱就能买到。

电磁继电器一般由电磁铁、衔铁、弹簧和触点等组成,其工作电路由低压控制电路和高压工作电路两部分构成。如图 5-6 所示,只要在线圈两端(1 和 2)加上一定的电压,线圈产生电磁效应,衔铁就会在电磁力吸引的作用下克服弹簧的拉力吸向铁芯,从而带动衔铁的动触点(3)与常开触点(5)的吸合。当线圈断电后,电磁的吸力随之消失,衔铁就会在弹簧的反作用力下返回原来的位置,使动触点与原来的常闭触点(4)吸合。这样吸合、释放,达到了电路导通、切断的目的。对于继电器的"常开、常闭"触点,可以这样来区分:继电器线圈未通电时处于断开状态的静触点,称为"常开触点";处于接通状态的静触点称为"常闭触点"。

图 5-5 **电磁继电器外观图**

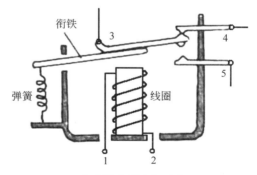

图 5-6 **电磁继电器内部结构原理图**

5.2.2 继电器模块

电磁继电器在释放衔铁的时候,电路中会产生反峰电压(反向的自感电势)。虽然反峰电压的电流很小,但是电压很高,达到正常电压的 9 倍。经过测试,在没有电路保护的情况下,电磁继电器产生的反峰电压足可以让单片机死机或者重启。所以,继电器需要在继电器线圈两边反向并联一个肖特基二极管(见图 5-7),以达到消除反峰电压的目的。从功能上看,这个肖特基二极管叫续流二极管。

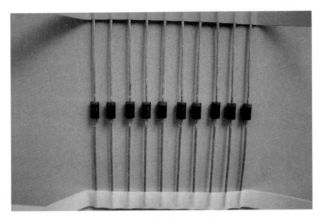

图 5-7　肖特基二极管

为了更加便捷地使用继电器,选择专为 Arduino 设计的继电器模块。和其他电子积木一样,继电器模块也设计了三个针脚,内置了肖特基二极管,可以直接连上 Arduino 扩展板,如图 5-8 所示。

将数字继电器模块插上 Arduino 板子的 13 口,然后分别运行脚本 `digital 13▼ on` 和 `digital 13▼ off`,此时可听到继电器打开和闭合时发出的"嗒嗒"声。

继电器模块的接线如图 5-9 所示。一般来说,需要把家用电器的插头线剪断,一头接到 COM 端,另一头接到 NC 端。如果希望电器的默认状态是连通的,就接在 NO 端。接线时一定要注意安全!

图 5-8　DFRobot 出品的数字继电器模块

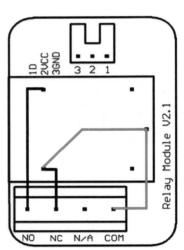

NC：常闭；N/A：空脚
NO：常开；COM：公共端

图 5-9　继电器接线说明

5.3　安全继电器插座

虽然我们已经了解继电器工作的原理,知道如何接线能成功控制 220V 的家用电器,但是继电器的输出接线柱毕竟是裸露的,不仅接线麻烦,还要剪断插头线,破坏原电器的接线;最重要的是,直接接触 220V 电路非常不安全。

为了能方便、安全地使用继电器控制家用电器,温州中学的吴越同学设计了一款插板式安全继电器,并申请了国家专利,其外观示意图、内部电路图和实物图分别如图 5-10～图 5-12 所示。目前在淘宝网上还不能买到类似的产品,但我们可以动手做一个。

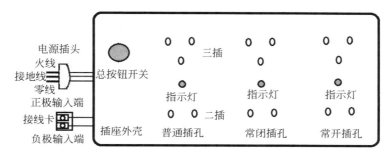

图 5-10　**安全继电器插座外观示意图**

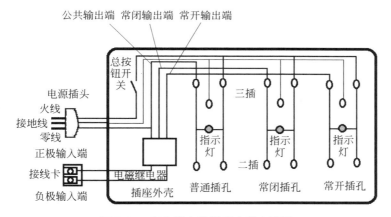

图 5-11　**安全继电器插座内部电路图**

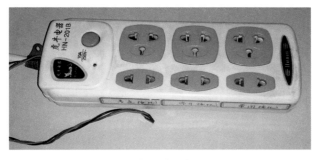

图 5-12　**安全继电器插座实物图**

安全继电器插座的制作材料很简单，只需要 1 个继电器模块和 1 个普通插板。为了能容纳数字继电器模块，要选择体积稍大一点的插板。

安全继电器插座的制作过程如下：

（1）旋出螺丝，打开插板，然后选择一个插孔，将其中一条线（最好能找到火线）剪断。

（2）连接插座的火线端和继电器模块，然后在插板的边缘处开一个小孔，把连接线导出来，如图 5-13 所示。

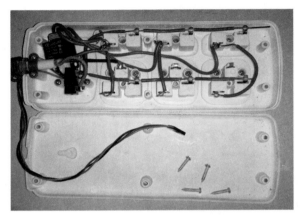

图 5-13　安全继电器插座内部结构

（3）把插板的盖子重新装好，然后旋紧螺丝。

（4）在改造过的插孔旁贴上标签，做好标注。

一个插板式安全继电器制作完成了。将插板接入 220V 照明电路，再把杜邦线头插到 Arduino 板的数字口 13 上。现在，就可以把电风扇或者台灯接到这个改造过的安全插座上，体验智能家居技术了。

注意：频繁地开、关将伤害用电器的使用寿命，最好不要在继电器插座上接电视机、电冰箱之类的大功率用电器，推荐使用电风扇、LED 小台灯等。

5.4　定时开关的实现

在 5.1.2 小节中，我们看到其控制软件中有定时功能。现在模仿一下，让 S4A 定时打开某个开关。

S4A 不能直接返回系统的时间，这是很遗憾的事情。但是还记得第 4 章中的范例"手势控制的流水灯"吗？在那个范例中就使用了 S4A 的计时器功能。

S4A 的计时器从程序打开后就开始计时，要实现准确的计时，先用 计时器归零 把计时器设为 0，然后重复判断计时器是否大于某个数字（单位：秒）。如果成立，就执行某个动作。如图 5-14 所示的脚本就实现了单击绿旗 3 秒钟后点亮 13 口的 LED 灯。

图 5-14　定时打开 LED 灯的参考脚本

S4A 的计时器和全局变量类似，所有角色都可以使用，也可以进行归零操作。遗憾的是，S4A 仅仅提供了一个计时器，如果要利用计时器控制多个设备的定时打开和关闭，编程就稍微复杂了。

下面介绍一个利用链表功能实现用计时器控制多个设备打开和关闭的程序。

1. 作品描述

使用定时器控制两只 LED 灯定时开启和关闭。其中 LED1 在 0.5 秒后开启，6.0 秒后关闭；LED2 在 3.0 秒后开启，8.0 秒后关闭。作品的运行界面如图 5-15 所示。

图 5-15　多定时器控制范例运行界面

2. 材料清单

LED 模块×2。

3. 连接说明

LED 模块分别线接在数字口 10 和数字口 11 上。

4. 角色列表

默认角色（Arduino1）、角色 1 和角色 2。其中，角色 1 和角色 2 都拥有两个造型，分别为文字"定时器 1 开"、"定时器 1 关"和"定时器 2 开"、"定时器 2 关"。

5. 参考脚本

默认角色上需要编写脚本，如图 5-16 所示。为了让程序看起来更加清晰，采用了两个脚本来控制。这两个脚本都会在默认角色（Arduino1）被单击的时候开始执行，这种编程方法称为"多线程"。

角色 1 的脚本如图 5-17 所示。"角色 2"的脚本和"角色 1"类似。

6. 作品说明

本作品利用链表功能，实现对两个设备的开启和关闭状态进行定时控制。其实，S4A 还是有办法能获取计算机的日期和时间。有了具体的时间，定时控制更加容易。具体请参考第 6 章有关远程传感器部分。

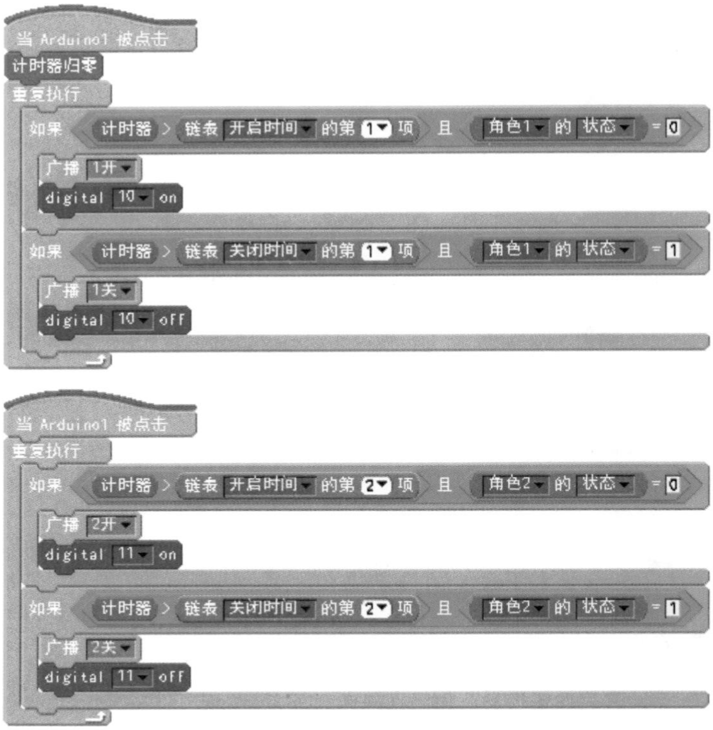

图 5-16　**默认角色的参考脚本** 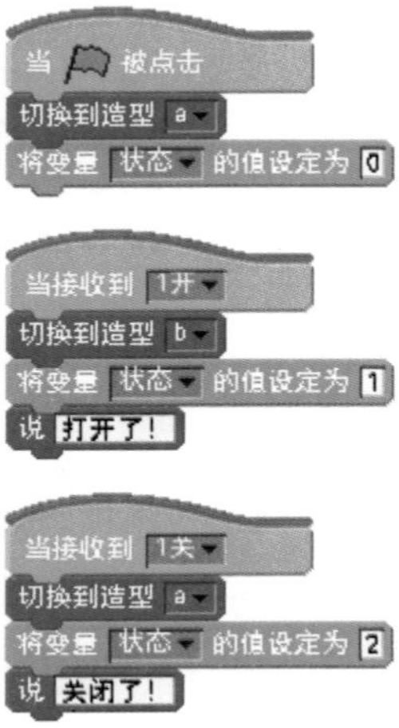　　　　图 5-17　**角色 1 的参考脚本**

📝 小提示：链表和链表的使用

　　S4A 中的链表其实就是一个一维数组，是一系列变量的集合。使用链表可以避免程序定义太多的变量，处理起来更加方便。S4A 的链表支持文本数据的导入和导出，操作十分方便。

5.5　智能温控电风扇的实现

　　定时控制其实还算不上"智能"。S4A 的功能比"PC 智能家电控制盒"更强大，它可以根据传感器的信息，真正"智能"地控制电器，如光线暗的时候自动打开电灯，温度高的时候自动打开空调等。

　　本节介绍如何把一台普通的电风扇改造为智能温控电风扇。

1. 作品描述
当外界温度高于 28℃时，电风扇自动开启；低于 27℃，自动停止。

2. 材料清单
电风扇×1，温度传感器模块（LM35）×1。

3. 连接说明

温度传感器模块接在模拟口 0,继电器插座的控制连接线接在数字口 13,将电风扇接到继电器插座的常闭插孔上。

4. 角色列表

默认角色(Arduino1)。

5. 参考脚本

温度传感器模块返回的数值和真实温度的关系需要"标定"。经过测试,这款 LM35 温度传感器模块返回的数值减去 35,和水银温度计上的度数差不多。参考脚本如图 5-18 所示。

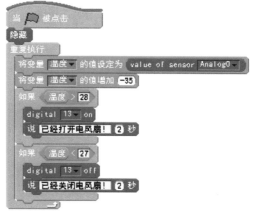

图 5-18　**参考脚本**

6. 作品说明

作品的代码很简单,却非常有效。如果觉得这样的作品界面太简单,可以"润色"一

下,比如预设的温度可以通过问答的形式输入。笔者的博客中提供了一个范例——带温度计显示功能的智能温控电风扇,其运行界面如图 5-19 所示。程序脚本使用了画图功能,温度计中水银柱的升降效果十分明显。

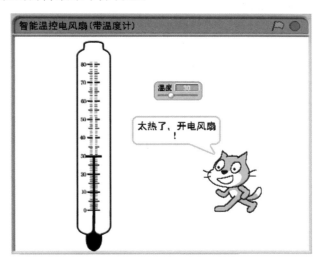

图 5-19　**带温度计显示功能的智能温控电风扇**

✎ 小提示:如何标定温度传感器?

温度传感器返回的数值与实际温度是怎样的关系,需要我们找出来,然后给出表达式进行换算。寻找传感器数值和真实温度之间关系的过程称为"标定"。一般要多测量几个数据,然后找关系。本范例的温度传感器使用 LM35,其测温范围是-40~150℃,灵敏度为 10mV/℃,有较好的线性度和较高的灵敏度,标定起来比较容易。

5.6　遥控台灯

5.6.1　遥控开关

用计算机控制用电器,仅仅是智能家居的入门条件。在有些智能家居的产品演示中提供了可以遥控的电器设备,比如电灯。通过一个遥控器,轻松自如地控制家里的电灯,确实很方便。

其实,遥控开关早就有成品。在淘宝网上输入"遥控开关",能搜出一大堆产品来,图5-20所示就是一款遥控开关产品。

与遥控开关类似的产品还有遥控插座,如图5-21所示。

图 5-20　遥控开关

图 5-21　带遥控功能的插座

无线遥控技术原理就是发射机把控制的电信号先编码,然后转换成无线电波发送出去;接收机收到载有信息的无线电波后,经放大、解码,得到原先的控制电信号;这个电信号再进行功率放大,驱动相关的电气元件,实现无线遥控。图5-20和图5-21所示的遥控开关一般都基于超再生技术开发,其发送设备使用SC2262编码芯片,接收设备用SC2272解码芯片。超再生技术具有电路简单,灵敏度高,体积小,成本低的优点,应用非常广泛。

> 小提示:关于超再生技术与超外差技术
>
> 简单地说,超再生接收机是直放式接收机的一种,它利用正反馈原理,把放大了的信息回馈到输入端,再放大、循环。所谓直放,指信号本身不经过变频,直接进行处理。超再生技术常用来制作简易晶体管收音机。而超外差接收机价格较高,温度适应性强,接收灵敏度更高,而且工作稳定可靠,抗干扰能力强,辐射低。

5.6.2　遥控台灯的实现

用S4A可以做遥控电灯的实验,即可以把一个普通的台灯"改造"为能接收遥控信息的台灯。要实现遥控，需要购买遥控套件，比如基于超再生技术的遥控套件，其价格很便宜，20 块钱左右就能买到。

超再生的解码芯片分为自锁输出型（SC2272—T4）、互锁输出型（SC2272—L4）、非锁输出型（SC2272—M4）三种。其中，SC2272—M4 是多路独立工作，相互不干扰。例如，按住"A"键时，其 D0 口输出高电平；松开"A"键，D0 即恢复低电平，其他三路相同。如要控制多路设备，应该选择 SC2272—M4。

遥控设备和 Arduino 的连接很简单：将信号接收器上的 D0 口接到扩展板的数字口 2 上，G 和 5V 的引脚分别和扩展板的对应引脚连接，如图 5-22 所示；再把继电器插座的继电器连接线接到扩展板的数字口 13 上，将台灯接到继电器插座的常闭端口。

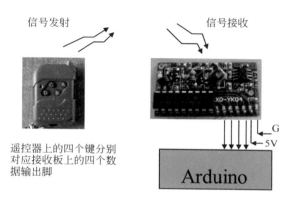

图 5-22　遥控使用（接线）说明

脚本可以直接写在默认角色上，只要在重复执行中加上判断就可以了，如图 5-23 所示。

按下遥控器的"A"键试试效果。用遥控模块控制电灯的做法，和使用数字传感器控制 LED 的操作非常相似。其实，完全可以把遥控接收器看成一个按钮传感器。

如果希望把 A、B、C、D 四个键都用起来，可以把 D0 和 D1 接到数字口的 2、3，再把 D2、D3 接到模拟口的 0、1 上。其模拟口的判断脚本如图 5-24 所示（模拟口 0、1 分别和数字口 13、11 对应）。

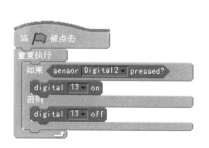

图 5-23　参考脚本

图 5-24　参考脚本

经过以上的实验会发现：原来遥控台灯就这么简单。

> 小提示：数字传感器为什么能接到模拟口上？
>
> 其实，不仅数字传感器可以接到模拟口，连模拟传感器也可以接到数字口。数字传感器用于模拟口，单片机只能接收到两种状态的数值。同样地，模拟传感器接到数字口，单片机会把高于某一电压的模拟信号识别为高电平(True)，低于这一电压的识别为低电平(False)。Arduino UNO 使用的处理器是 ATmega328，如果工作在 5V 电压下，高于 3V 的为高电平。

5.6.3　让计算机遥控台灯

我们已经成功实现了用遥控器来控制台灯，使不支持遥控的电器具备了遥控功能。但是，计算机能不能直接发送遥控信息给电器？试想一下，当传感器检测到当前光线很弱，就自动发送遥控信息启动台灯，不是"很"高科技的吗？现在很多家用电风扇、台灯本身就支持遥控，电视机、空调就不用说了。

让计算机发出遥控信号通常的做法是，利用一些红外线或者无线电波的编码、发射设备，在程序的控制下，直接发出遥控信号。计算机和编码发射设备之间一般用 RS-232 协议连接。图 5-25 就是一款计算机串口控制红外控制器，可以在计算机的控制下发射出各种遥控信号控制家电。

目前暂时无法买到 S4A 可以控制的编码发射设备。但是，我们有办法让计算机在 S4A 的控制下发射遥控信号给接收器，不用另外购买设备，只要利用现成的遥控器，加上继电器改造就能做到。

下面以超再生遥控设备为例，实现用计算机遥控家用电器。

一般来说，超再生遥控器工作在 12V 电压，无法直接用 Arduino 板给其供电。所以要在其电路上接一个继电器，用继电器的开和闭代替遥控器的按钮。图 5-26 所示为遥控器的内部结构。看到 4 个按钮开关了吗？在引脚旁焊出两条线来，接上继电器，再把继电器接到扩展板 13 口的 G 和 D。

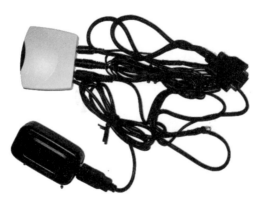

图 5-25　通过计算机串口控制的红外控制器

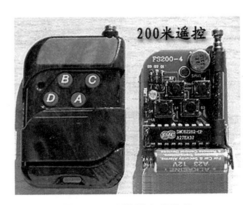

图 5-26　遥控器内部结构

这时,用脚本控制 13 口的开和关,看看遥控器上的指示灯是不是同步亮起来? 用这种方法,可以通过电脑来遥控其他家用电器。结合定时器的功能,做个可以用计算机控制的定时遥控器,一点都不困难。

小提示:能否利用 Arduino 给遥控器提供 12V 电压?

利用 L289 板子,也可以用 Arduino 直接给遥控器供电。也就是说,可以不用安装继电器,直接把某个按钮短路即可。但是这种方式对遥控器的破坏更大,相对来说,接继电器会更加灵活。

5.7 设计大型互动媒体作品

利用能控制 220V 电器的智能家居技术,“互动”范围就更广了。不再局限于屏幕和小 LED 灯,可以设计一个大型的互动媒体作品,把家用电器纳入到自己的输出设备中。

创意之一: 大楼灯光秀

常常有大学生用宿舍楼的灯光展示一些特定的效果,如图案和动画。如图 5-27 所示是某大学宿舍用灯光组成的“心”形图案。

图 5-27　某大学宿舍的灯光秀

用 S4A 完成类似的灯光秀创意并不困难。利用遥控设备,奇妙的灯光动画也能轻松实现。如果要控制的灯光比较多,可以多接几块 Arduino 板子。

创意之二: 齐心协力

互动媒体作品“齐心协力”的功能如下:受众分成 4 组,站在作品的四周大声呐喊,如果 4 个方向的生意一致,则喷发出壮观的喷泉,如图 5-28 所示。本作品可以利用现有的广场喷泉设备或者带流水的景观设施,通过增加传感器、继电器(或者电磁阀)进行改造。如果系统测到 4 个声音传感器在同一时间段的数值变得很高,并且数值的大小基本相似,则接通喷泉的开关。如果再配合周围的灯光效果,则非常有趣。

怎么样,有收获吗? 请开始动手设计吧。如果希望更深入地了解“互动”,比如用手机

图 5-28 大型互动媒体作品"齐心协力"（模拟图）

来遥控，请赶紧学习下一章的内容。

你学到了什么

在这一章，你学到了以下知识：

- 传统家居和智能家居的区别，以及智能家居的运行原理；
- 电磁继电器的原理，Arduino 和电磁继电器模块的连接；
- 利用继电器模块和插板制作一个安全继电器插座；
- 利用安全继电器插座，通过编程，控制家用电器的开和关；
- 定时器和链表的高级应用；
- 超再生遥控技术，利用遥控器和 S4A 交互，让不支持遥控的家用电器变成可以遥控电器的。

动手试一试

（1）以"智能家居控制器"为关键字，在淘宝网上搜索智能控制产品，并了解控制器的原理和作用。

（2）改变数字传感器和模拟传感器的线序，分别将数字传感器接到模拟口，把模拟传感器接到数字口，观察 S4A 接收到的值。做完实验，记住把线序改回来。

（3）在淘宝网上能买到 5V 的电磁阀（约 40 元），加上红外测障传感器，设计一个简单的智能感应水龙头。江苏有所学校的学生用 S4A 和温度/速度传感器、电磁阀，做了一个大棚自动灌溉系统，你也试试吧。

（4）默认情况下，超再生技术的遥控器和接收板是通用的，即一个遥控器可以控制所有的接收板。如果很多人在一个空间（如教室、实验室里）中做遥控实验，相互之间会产生"干扰"。所以，需要对遥控器和接收板进行编码，使其一一对应。试着找找资料，拿出电烙铁，给自己的遥控设备进行编码。

（5）利用超再生遥控套件和继电器插座，把家里不支持遥控的电器"升级"为智能可遥控的电器。

（6）设计一个大型的互动媒体作品，把家用电器纳入自己的输出设备中。

第6章 物联网初步知识

物联网,多么神奇的尖端技术。用 S4A 也可以研究物联网技术。至少,可以用 S4A 做出符合物联网技术规范的模型。

6.1 认识物联网技术

物联网(Internet of Things)这个词,国内外普遍公认的是由 MIT Auto-ID 中心 Ashton 教授 1999 年在研究 RFID 时最早提出来的。在 2005 年国际电信联盟(ITU)发布的同名报告中,物联网的定义和范围发生了变化,覆盖范围有了较大的拓展,不再只是指基于 RFID 技术的物联网。

自 2009 年 8 月温家宝总理提出"感知中国"以来,物联网被正式列为国家五大新兴战略性产业之一,被写入《政府工作报告》。通俗地讲,物联网就是"物物相连的因特网",其目标是让万物沟通对话。比如在电视机上装传感器,可以用手机通过网络控制电视的使用;在空调、电灯上装传感器,计算机可以精确调控、开关,实现有效节能;在窗户上装传感器,你就可以坐在办公室里通过计算机打开家里的窗户透气等。

支撑物联网发展的三大关键技术分别为:感知、传输、计算。为方便物联网爱好者和行业用户开发基于物联网的应用,国内有多家公司提供物联网应用平台,如 Yeelink 和乐联网。图 6-1 和图 6-2 所示的是乐联网提供的"绿色家庭环境监测系统"。该系统可以对用户家里的温湿度、二氧化碳含量、颗粒物含量等室内各项环境参数进行监测。如果环境参数不在正常范围内,就实时给出温馨提醒。同时,该系统定期提供专业的家庭环境健康报告,帮助居民改善家居生活。

根据乐联网提供的应用范例,画出物联网应用流程图,如图 6-3 所示。

对照前几章学过的内容,可以发现,在感知、传输、计算、控制四个环节中,S4A 都能发挥作用,如图 6-4 所示。可见,使用 S4A,能够搭建出一个简单的物联网平台,体验这一技术给人们带来的便利。

此时,是否发现"用 S4A 制作物联网应用模型分析"的示意图和"互动媒体作品的运行流程"示意图(见图 1-4)非常相似?因为物联网的核心也是互动。互动媒体技术是一门需要不断更新的技术,同样需要纳入物联网方面的技术。

> 🗒 小提示:智能家居和物联网是什么关系?
>
> 物联网是很庞大的概念,智能家居只是里面的一部分。一般来说,智能家居的发展分为两个阶段,先是传统的智能家居,然后发展到基于物联网的智能家居。

图 6-1　乐联网"绿色家庭环境监测系统"（1）

图 6-2　乐联网"绿色家庭环境监测系统"（2）

图 6-3　物联网应用示意

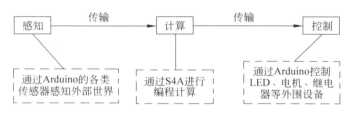

图 6-4　用 S4A 制作物联网应用模型分析示意

6.2　S4A 和 Arduino 的无线连接

6.2.1　Arduino 支持的无线连接技术

要做一个物联网的应用模型，不能在"传输"环节使用 USB 连接线的形式，应该用网络传输，或者无线连接。

第 3 章简单介绍了 Arduino 和计算机的连接。除了使用 USB 线和有线网络外，Arduino 还支持 Wi-Fi、蓝牙、Zigbee 和 APC220 等无线技术。这些无线技术的对比如表 6-1 所示。

表 6-1　常见无线技术的对比

名　　称	Wi-Fi	蓝牙	Zigbee	APC220
传输速度	11～54Mbps	1Mbps	100Kbps	2400～9600bps
通信距离/m	20～200	20～200	2～20	100～1200
频段	2.4GHz	2.4GHz	2.4GHz	418～455MHz
功耗/mA	10～50	20	5	30
成本	高	低	高	高

Arduino 要以有线网络或者 Wi-Fi 的形式和计算机连接，需要多占用几个数字口，而且需要专用的固件，所以暂时不适用于 S4A（如果熟悉 Arduino 编程，可以试试专门为 Arduino 的网络连接写一个固件）。蓝牙、Zigbee 和 APC220 模块都可以直接插在 V5 扩展板上，不需要另外接线。其中，蓝牙和 Zigbee 模块与扩展板的连接如图 6-5 和图 6-6 所示。

图 6-5　蓝牙模块和扩展板的连接

图 6-6　XBee（Zigbee）模块和扩展板的连接

6.2.2 蓝牙模块和 Arduino 的连接

下面以 DFRobot 出品的蓝牙模块（DF-Bluetooth V3）为例，介绍 S4A 和 Arduino 的无线通信设置过程，操作系统环境为 Windows 7。

1. 材料列表

DF-Bluetooth V3 和蓝牙适配器（可以使用笔记本电脑自带的蓝牙），如图 6-7 所示。

2. 操作步骤

（1）设置 DF-Bluetooth V3 的波特率。

DF-Bluetooth V3 的默认波特率是 9600bps，而 S4A 波特率是 38400bps，所以要先用 USB to Serial 模块进行修改，如图 6-8 所示。

图 6-7　DF-Bluetooth V3 和蓝牙适配器　　图 6-8　DF-Bluetooth 和 USB to Serial 模块的连接

USB to Serial 模块接到计算机需要安装驱动程序。Windows 系统自带驱动程序，如果是 XP 系统，请上网搜索 CP210x 驱动程序（商家会提供）。然后在设备管理器中找到该模块使用的 COM 口，如图 6-9 所示。

图 6-9　查看 USB to Serial 设备的 COM 口

DF-Bluetooth V3 蓝牙模块支持 AT 指令设置波特率和主从机模式。模块上有一个 2 位拨码开关,如图 6-10 所示。1 号开关 LED Off 是 LINK 灯的开关,可以关闭 LINK 省电,拨到"ON"为开,拨到"1"端为关;2 号开关 AT Mode 是 AT 命令模式开关,拨到"ON"进入 AT 命令模式,拨到"2"端退出 AT 命令模式。

运行串口连接工具 SSCOM,使用 AT 命令"AT+UART=38400,0,0"设置波特率,返回"OK"表示设置成功,如图 6-11 所示。更多的命令见 DF-Bluetooth V3 说明书。

图 6-10　DF-Bluetooth V3 的拨码设置

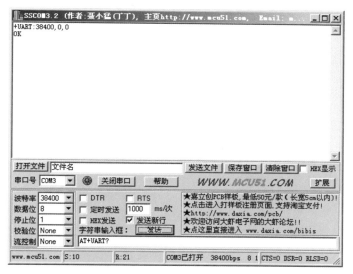

图 6-11　用 AT 命令设置波特率

注意:不管 DF-Bluetooth V3 设定的波特率是多少,用 AT 命令连接时的波特率都为 38400bps。

为了连接方便,一般把 Arduino 端的蓝牙模块设置为从机模式;Bluetooth V3 出厂的默认模式已经为从机模式,所以不需要另外设置。

(2) 使用 DF-Bluetooth V3 连接 S4A。

把 DF-Bluetooth V3 的 AT 命令模式开关拨到"2"端退出 AT 命令模式,然后插到 Arduino 扩展板上,连接方式可以参照图 6-5。

这时,可以使用移动电源给 Arduino 供电,也可以使用给手机充电的适配器供电。接下来,用计算机搜索蓝牙设备,并进行配对,具体操作如图 6-12～图 6-16 所示。

图 6-12　搜索蓝牙设备

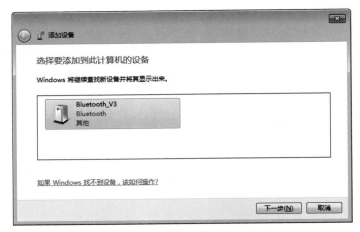

图 6-13   单击 Bluetooth_V3，然后单击"下一步"按钮

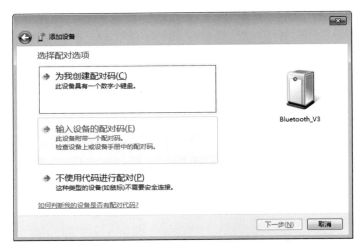

图 6-14   选择"输入设备的配对码"

图 6-15   输入配对码"1234"

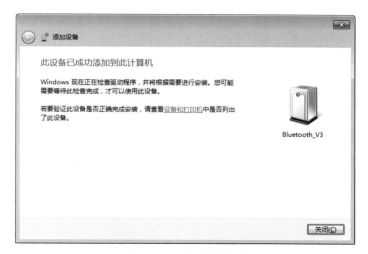

图 6-16 **设备安装成功**

查看设备,找出蓝牙连接所使用的 COM 端口,如图 6-17 和图 6-18 所示。

图 6-17 **显示蓝牙设备**

打开 S4A,选择 COM13,测试一下能不能连接上 Arduino? 尽情享受无线连接的乐趣吧。

🖊 小提示:什么是 AT 命令?

AT 即 Attention。AT 指令集是从终端设备(Terminal Equipment,TE)或数据终端设备(Data Terminal Equipment,DTE)向终端适配器(Terminal Adapter,TA)或数据电路终端设备(Data Circuit Terminal Equipment,DCE)发送的。20 世纪 90 年代初,AT 指令仅被用于 Modem 操作,之后 AT 指令逐步标准化。AT 指令是以 AT 作首、\r\n 字符结束的字符串。每个指令执行成功与否都有相应的返回。

图 6-18　找到串口 COM13

6.3　S4A 的远程传感器

6.3.1　开启远程传感器功能

在 6.2 节中,我们采用蓝牙技术实现了 Arduino 和计算机的无线连接。但这还不是最理想的物联网应用模型。在理想的物联网应用模型中,应该使用网络传输数据,实现更远距离的通信。S4A 设计了支持超文本传输协议(Http)的远程传感器功能。借助这一通信协议,可以通过网络传输数据,非常方便。

默认情况下,S4A 没有启用这一功能,需要手动启用。打开 S4A"远程传感器"功能有两种方式。

(1) 在"编辑"菜单中,选择"Host Mesh"命令,将弹出一个显示本机 IP 的对话框,单击"确定"按钮即可,如图 6-19 所示。同时,"Host Mesh"变成"Show IP Address"。

(2) 在"侦测"中的任意一个指令块上右击(其实,除了默认角色的"外观"功能组外,在很多指令块上右击都可以弹出菜单),在弹出的菜单中选择"允许远程传感器连接",如图 6-20 所示,S4A 弹出一个确认"连接上传感器"的消息框。

图 6-19　通过"Host Mesh"命令开启远程传感器功能

图 6-20　选择"允许远程传感器连接"

这时，S4A 将启动一个 Web 服务器，端口为 42001。

打开浏览器，在地址栏输入"http://127.0.0.1:42001/"。如果出现如图 6-21 所示的页面，说明成功启用 S4A 的远程传感器功能。

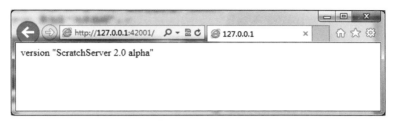

图 6-21　访问"远程传感器"端口的默认页面

关闭远程传感器的方式和开启远程传感器的操作基本类似。需要注意的是，如果防火墙出现"阻止"的安全警报，如图 6-22 所示，请选择"允许访问"。

图 6-22　防火墙的安全警报

把 127.0.0.1 换成 S4A 所在计算机的 IP 地址，如 192.168.1.103，另外找一台计算机访问这个地址。如果不知道怎么查看计算机的 IP，可以通过 S4A"编辑"菜单的"Show IP Address"项找到，如图 6-23 和图 6-24 所示。

图 6-23　通过"编辑"菜单查看 IP 地址

图 6-24　显示的 IP 地址

> **小提示：127.0.0.1 是什么 IP 地址？**
>
> 　　在 TCP/IP 协议中，127.0.0.1 是回送地址，指本地机器。回送地址主要用于网络软件测试以及本地机进程间通信。无论什么程序，一旦使用回送地址发送数据，协议软件立即返回，不进行任何网络传输。如要连接本机，使用 127.0.0.1 最方便。

6.3.2　远程传感器互动协议介绍

　　S4A 的远程传感器以 URL 的形式传递命令参数，并返回信息。

　　URL1：http://127.0.0.1:42001/?broadcast＝hello

　　URL2：http://127.0.0.1:42001/?sensor-update＝number＝1

　　使用浏览器访问 URL1，S4A 的广播中会增加一项"hello"，相当于发送广播"hello"，如图 6-25 和图 6-26 所示。

图 6-25　通过浏览器发送广播"hello"

图 6-26　S4A 的广播中出现"hello"

　　访问 URL2，会在传感器中（"侦测"的传感器位置）增加一个传感器"number"，数值为"1"。如果这个传感器的名称已经存在，则修改其数值为"1"，如图 6-27 和图 6-28 所示。

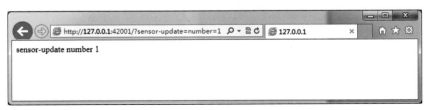

图 6-27　通过浏览器增加传感器"number"

S4A 常用的远程传感器命令如表 6-2 所示。需要注意的是，S4A 的兼容性非常好，URL 中的"？"可以省略。http://127.0.0.1:42001/? send-vars 和 http://127.0.0.1:42001/send-vars 是等效的。

图 6-28　S4A 传感器位置出现了新的传感器"number"

表 6-2　S4A 远程传感器常用命令

作　　用	链　　接
返回所有广播	http://127.0.0.1:42001/? send-messages
返回所有全局变量	http://127.0.0.1:42001/? send-vars
广播"hello"	http://127.0.0.1:42001/? broadcast＝hello
增加或者修改传感器"number"，值为 1	http://127.0.0.1:42001/? sensor-update＝number＝1

从表 6-2 可以看出，其他网络终端程序（如浏览器、Flash 等）只要通过 URL 的形式传递命令参数，就可以和 S4A 互动。其互动流程如图 6-29 所示。

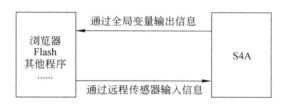

图 6-29　基于远程传感器协议的互动流程

交互的核心就在于数据的输入和输出。图 6-27 已经演示了数据的输入方式，即通过"sensor-update＝＊1＝＊2"的形式，把数据输入到 S4A 的传感器列表，其中，"＊1"为传感器名，"＊2"为传感器值。

数据的输出则通过"send-vars"获取 S4A 的全局变量名称和值。从图 6-30 可以看出，当前 S4A 程序有两个全局变量："time1"和"time2"，值为"0"。

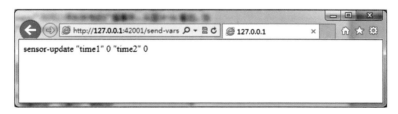

图 6-30　列出所有变量

上面已经介绍，通过"broadcast＝＊"的形式，可以发送名称为"＊"的广播给 S4A，实现广播事件的输入。通过"send-messages"，可以得到所有的广播事件。从图 6-31 可以看

S4A 和互动媒体技术

出，当前 S4A 程序有两个广播事件："end"和"start"。

图 6-31　列出所有广播

需要注意的是，S4A 的传感器协议对中文的传输支持并不好，虽然可以获取 S4A 中文广播名称、变量名称和变量值，但是无法把它们传送给 S4A。如果浏览器无法正确显示中文，请把网页的编码设置为"UTF-8"。

> 小提示：能不能实时获取 S4A 的广播事件？
>
> 如果采用 Socket 通信，可以实时接收到 S4A 广播事件信息（请参考 6.6 节）。但 Http 是一种"无连接"的网络通信协议，采用 URL 形式交互，无法实时获取广播事件的信息。

6.4　S4A 和浏览器的互动

S4A 的远程传感器功能支持 Http 协议，因而通过浏览器和 S4A 进行互动是最简单的，也是最方便的一种形式。下面以一个用网页控制 S4A 图案运行的范例——"飞舞的图案"为例，介绍编写的过程。

6.4.1　控制页面的制作

首先要找一个做网页的工具，如 FrontPage 2003 或者 Dreamweaver，做一个控制 S4A 的网页。如果熟悉 Flash，也可以用 Flash 设计几个更加酷的按钮。如果不熟悉网页制作，可以用 Word、Excel 之类，只要能做超级链接就可以。具体的超链接文字和 URL 对应表如表 6-3 所示。

表 6-3　超链接文字和 URL 对应表

超链接文字	URL
开始画图	http://127.0.0.1:42001/?broadcast＝start
变换造型	http://127.0.0.1:42001/?broadcast＝style
清除画面	http://127.0.0.1:42001/?broadcast＝cls
停止运行	http://127.0.0.1:42001/?broadcast＝end

制作的网页样式如图 6-32 所示。

超链接的目标框架最好选择新窗口。以 FrontPage 2003 为例，在超链接上右击，然后选择"超链接属性"，再单击"目标框架"，选择"新建窗口"即可，如图 6-33 所示。

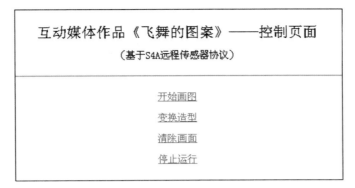

图 6-32　控制页面的设计

图 6-33　超链接的目标框架设置

6.4.2　S4A 程序的编写

打开 S4A，设计一个拥有多个造型的角色，造型由色彩丰富的图案组成，如图 6-34 所示。

然后给这个角色编写脚本，当接收到不同的广播时，执行不同的动作。如接收到"start"，就开始画图；接收到"style"，就切换造型等。参考脚本如图 6-35 所示。

现在，打开 S4A 的"远程传感器"功能，用另外一台计算机打开控制页面并访问不同的超链接，如图 6-36 所示。

6.4.3　控制页面的优化

如果不把网页超链接的目标框架设置为新窗口，页面会直接跳转到目标 URL。只能选择"后退"，才可以回

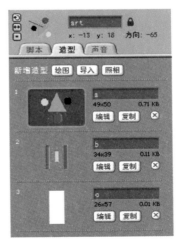

图 6-34　角色的造型设计

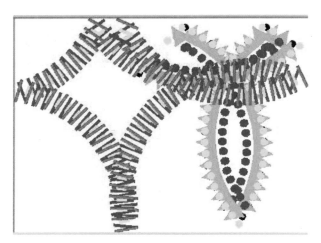

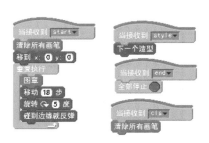

图 6-35　参考脚本

图 6-36　飞舞的图案运行效果

到原来的控制页面，很不方便。但是，"新窗口"模式会带来新的问题：浏览器不停地打开新窗口或者新标签页，看起来很不舒服。所以，最好的方法是使用隐藏的内嵌框架技术或者 AJAX 技术。

使用隐藏的内嵌框架技术，可以实现浏览器载入新的 URL 时，不会打开新窗口。制作方法如下：

（1）用 FrontPage 2003 打开网页，在网页下方的空白处插入"嵌入式框架"，再把嵌入式框架调整为合适的宽度和高度，如图 6-37 和图 6-38 所示。

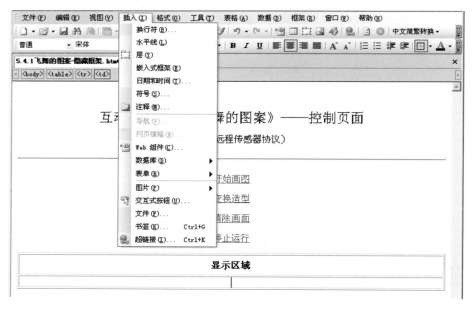

图 6-37　插入嵌入式框架

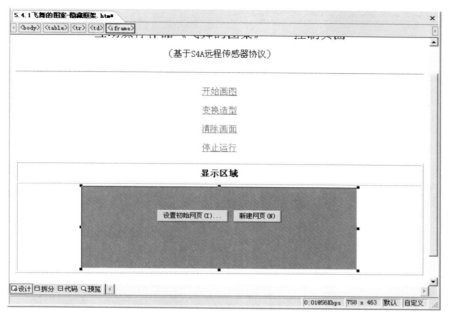

图 6-38   插入嵌入式框架后的页面编辑状态

（2）修改嵌入式框架的属性，把名称改为"s4a"，其他选项保持默认值，如图 6-39 和图 6-40 所示。

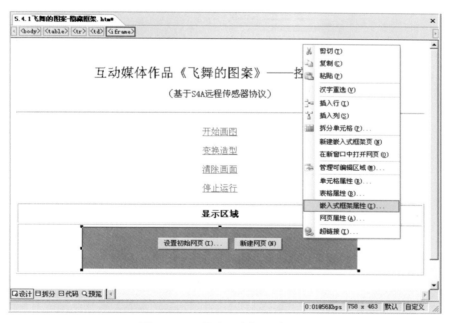

图 6-39   设置嵌入式框架的属性

（3）把所有超链接的目标框架设置为"s4a"。为了操作方便，把"s4a"设置为默认的目标框架，如图 6-41 所示。

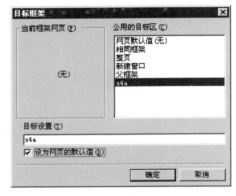

图 6-40　设置嵌入式框架的名称为"s4a"　　　　图 6-41　设置超链接的目标框架

用浏览器打开网页,单击超链接不仅不会新开窗口,框架中还能显示 S4A 返回的信息。具体的效果如图 6-42 所示。

图 6-42　带嵌入式框架的页面浏览效果

6.4.4　传递远程传感器信息

为了让手机控制下的"飞舞图案"更加变幻莫测,在角色前进的过程中,能动态地改变速度和旋转角度。这就需要增加变量了。通过 S4A 远程传感器功能,可以用浏览器传递远程传感器信息,S4A 再把远程传感器的值赋给变量,实现动态修改的效果。具体步骤如下:

（1）修改 S4A 程序，添加两个变量：speed 和 angle，分别控制角色的前进速度和旋转角度。

（2）用浏览器访问下面地址 http://127.0.0.1:42001/? sensor-update＝speed＝1sensor-update＝angle＝1，S4A 的远程传感器中会增加两项传感器名称，传感器的值都为"1"，如图 6-43 所示。

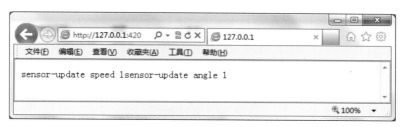

图 6-43　添加远程传感器

（3）修改角色的脚本，在"重复执行"中加上读取远程传感器值的语句，如图 6-44 所示。

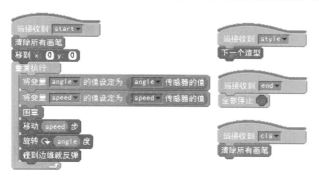

图 6-44　参考脚本

怎么通过浏览器来发送远程传感器的信息呢？或许你想到这样的方法：在网页上增加一个超链接，链接文字为"将 speed 设为 2"，然后超链接到 http://127.0.0.1:42001/? sensor-update＝speed＝1。

不可否认，这样做的确能成功修改变量 speed 的值。但是，speed 和 angle 的值很多，不能把每个值都做成超链接。所以，要在网页中加入表单方面的内容，在文本框中输入数值，然后单击按钮发送信息。

✎ 小提示：什么是表单？

表单是网页的一个重要组成元素，在网页中主要负责数据采集。一个表单有三个基本组成部分：表单标签、表单域和表单按钮。本范例主要利用表单的文本框和按钮来实现数据的输入。

（4）用 FrontPage 2003 打开网页，把原来的 4 个超链接放在同一行，在下方加入一个表格，如图 6-45 所示。

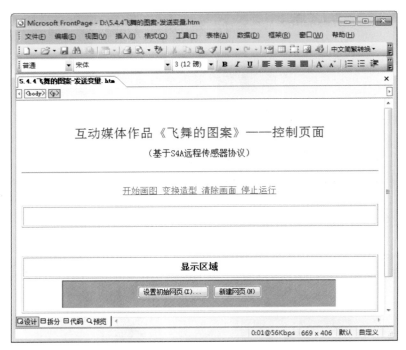

图 6-45　页面编辑

（5）在表格中选择"表单"→"文本框"命令，如图 6-46 所示。此时网页中会同时出现文本框和按钮。

图 6-46　插入表单

（6）双击文本框，设置文本框属性，如图 6-47 所示。

（7）把按钮的值修改为"发送传感器"，类型修改为"普通"，如图 6-48 所示。

图 6-47　设置文本框属性

图 6-48　设置按钮属性

（8）选中"提交"按钮，切换到"代码"视图。在"value＝"发送传感器" name＝"B1""后插入一行代码"onclick＝"s4a. location＝'http：//127. 0. 0. 1：42001/sensor-update＝'＋sensor. value""。

注意："onclick"前面还有一个空格，语句中的所有符号都是在英文状态下输入的，如图 6-49 所示。

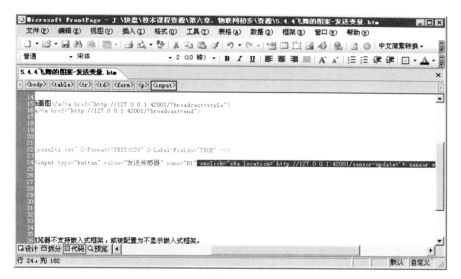

图 6-49　输入 onclick 代码

加入这行代码的作用是：当单击按钮时，把名字为"s4a"的框架页 URL 地址修改为"http：//127. 0. 0. 1：42001/sensor-update＝ ＊ "。其中，" ＊ "表示名字为"sensor"的文本框的值。

（9）用浏览器打开这个网页，效果如图 6-50 所示。如果想把"speed"改为"4"，输入"speed＝4"；如果想把"angle"修改为"6"，输入"angle＝6"。当然，可以按照这个范例，再做一个文本框和按钮，专门用来发送传感器 angle 的信息。

用 FrontPage 2003 生成的 HTML 代码中有很多可有可无的冗余代码，请整理以下

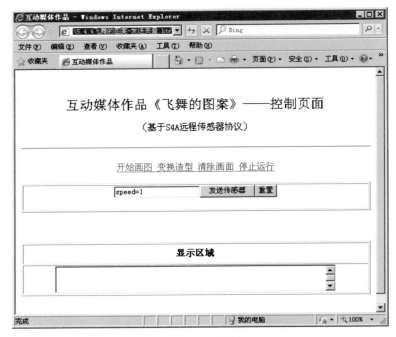

图 6-50　网页浏览效果

代码，使其简洁一些。

```
<html>
<head>
<meta http-equiv="Content-Language" content="zh-cn">
<meta http-equiv="Content-Type" content="text/html; charset=gb2312">
<title>互动媒体作品</title>
</head>
<body>
<p align="center">  </p>
<p align="center"><font size="5">互动媒体作品"飞舞的图案"——控制页面</font>
</p>
<p align="center">(基于 S4A 远程传感器协议)</p>
<hr>
<p align="center"><a href="http://127.0.0.1:42001/? broadcast=start">开始画图
</a><a href="http://127.0.0.1:42001/? broadcast=style">
变换造型</a><a href="http://127.0.0.1:42001/? broadcast=cls">清除画面</a>
<a href="http://127.0.0.1:42001/? broadcast=end">
停止运行</a></p>
<table border="1" width="100%" height="41">
    <tr>
        <td align="center">
            <p align="center">
            <input type="text" name="sensor" size="20" value="speed=1"><input
            type="button" value="发送传感器" name="B1" onclick="s4a.location=
            'http://127.0.0.1:42001/sensor-update='+sensor.value"><input
```

114

```
        type="reset" value="重置" name="B2"></p>
        <p>  </td>
    </tr>
</table>
<p>  </p>
<table border="1" width="100%" id="table2">
    <tr>
        <td height="36">
        <p align="center"><b>显示区域</b></td>
    </tr>
    <tr>
        <td align="center"><iframe name="s4a" width="496" height="49">
        </iframe></td>
    </tr>
</table>
</body>
</html>
```

如果要实现更多的功能，比如接收 S4A 返回的变量或者广播信息，还需要采用 AJAX 技术，先对返回的信息进行处理，然后在网页中输出。JavaScript 脚本技术是必须要学习的。笔者的博客中提供了一个简单的 AJAX 范例，可以参考。

> 小提示：什么是 AJAX 技术？
>
> AJAX 即 Asynchronous JavaScript and XML（异步 JavaScript 和 XML）。AJAX 并非缩写词，而是由 Jesse James Gaiiett 创造的名词，是指一种创建交互式网页所使用的网页开发技术。浏览器要和 S4A 交互，尤其是传感器数值的传送和接收，离不开脚本的支持。通过 AJAX 技术，网页脚本可在不重载页面的情况下与 Web 服务器交换数据，得到很好的用户体验。

6.5　S4A 和智能手机的互动

6.5.1　通过手机浏览器和 S4A 互动

现在流行的智能手机主要采用 iOS、Andriod、Windows Phone 和 Symbian 等系统，不管哪种操作系统，都支持浏览器。所以，通过手机的浏览器和 S4A 互动很容易实现。

用手机浏览器直接打开 5.4 节制作的网页，如图 6-51 所示，也能实现"互动"。但要把网页复制到手机上，是很麻烦的事情，而且网页的 URL 中"127.0.0.1"都要换成计算机的 IP 地址。因而有必要在计算机上搭建一个 Web 服务器，让手机的浏览器访问这个 Web 站点，然后发送信息和 S4A 互动。

（1）搭建 Web 服务器。

Windows XP 和 Windows 7 虽然都可以安装系统自带的 IIS 服务器，但是比较麻烦。推荐使用 NetBox 作为 Web 服务器。

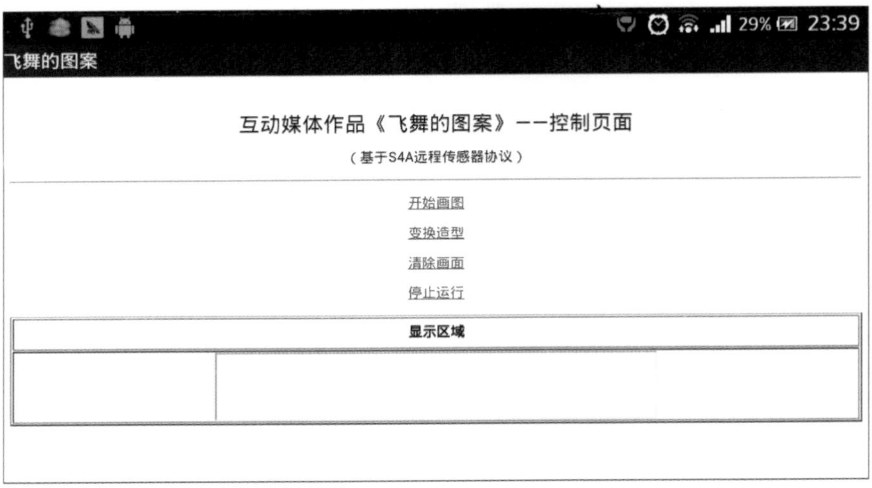

互动媒体作品《飞舞的图案》——控制页面

（基于S4A远程传感器协议）

开始画图

变换造型

清除画面

停止运行

显示区域

图 6-51 用安卓手机 HTMLViewer 打开网页

NetBox 是一个免费的绿色软件，由一个 600 多千字节的可执行文件和配置文件组成。

配置文件 main.box 的内容如下：

```
Dim httpd
Shell.Service.RunService "NBWeb", "NetBox Web Server", "NetBox Http Server Sample"
Sub OnServiceStart()
    Set httpd=CreateObject("NetBox.HttpServer")
    If httpd.Create("", 88)=0 Then
        Set host=httpd.AddHost("", "\s4a")
        host.EnableScript=true
        host.AddDefault "index.htm"
        httpd.Start
    else
        Shell.Quit 0
    end if
End Sub
Sub OnServiceStop()
    httpd.Close
End Sub
Sub OnServicePause()
    httpd.Stop
End Sub
Sub OnServiceResume()
    httpd.Start
End Sub
```

将 6.4.3 小节中优化的控制网页文件复制到 S4A 文件夹中，改名为 index.htm。把网页中超链接地址的 127.0.0.1 全部替换为计算机的 IP 地址，如 192.168.1.103；然后，将 main.box 图标拖到 netbox.exe 的图标上，电脑右下角将出现 .b 的图标，说明 Web 服务器已经启动。根据 main.box 的默认设置，Web 服务器的端口是 88。如果确定计算机没有启动其他 Web 服务器，可以把 main.box 的"If httpd.Create("", 88)＝0 Then"中的"88"修改为"80"，访问的时候就不用带端口号了。

（2）手机访问 Web 服务器，地址为 http://192.168.1.103:88/，如图 6-52 所示。可以点击手机触摸屏来控制《飞舞的图案》。

图 6-52　用安卓手机访问 Web 服务器

每个 S4A 程序都要编写一个相应的网页。笔者的博客中提供了一个通用的 AJAX 控制页面，其功能如下：

（1）可以自定义 S4A 服务器的 IP 地址，自定义广播名称并发送广播，通过按钮来控制 sensorX 和 sensorY 两个传感器的值，如图 6-53 所示。

图 6-53　用安卓手机访问 AJAX 范例

（2）提供了一个简单的触屏控制区域。在这个区域中触摸屏幕，会将坐标发送给

S4A。触屏控制区域和 S4A 的舞台大小比例和坐标系是一致的,如单击最中间,X 和 Y 坐标都为 0,如图 6-54 所示。

图 6-54　AJAX 范例提供的触屏发送坐标功能

现在,HTML 5 技术取代 HTML 4 是大势所趋。如果你对用手机浏览器控制 S4A 感兴趣,建议学习 HTML 5,然后编写一个通用控制页面,方便自己使用。

小提示:什么是 HTML 5 技术?

HTML 5 是用于取代 1999 年所制定的 HTML 4.01 和 XHTML 1.0 标准的 HTML 标准版本。HTML 5 强化了 Web 网页的表现性能,还追加了本地数据库等 Web 应用的功能。HTML 5 其实是包括 HTML、CSS 和 JavaScript 在内的一套技术组合。越来越多的人开始使用 HTML 5 技术开发智能手机的 Web APP。

6.5.2　通过手机 APP 和 S4A 互动

S4A 官方网站提供了一个名为 HiS4A 的安卓 APP 下载,同样是利用远程传感器功能实现手机和 S4A 的连接。这个 APP 能够发送 4 个广播事件(btn1～btn4)、1 个滑竿传感器(Slider)和一组坐标(PosX 和 PosY)信息给 S4A。不仅如此,程序还支持使用重力加速度传感器控制坐标,并提供了设定前缀的功能,以发送更多的远程传感器信息,如图 6-55 所示。

选中“Activate accelerometer”后,小黑点将随着手机的倾斜状态而移动,小黑点的坐标将定时发送给 S4A 服务器。

HiS4A 仅支持手机的重力加速度传感器。手机中还有更多传感器可以使用。Sensors2S4A 是笔者编写的一个能够发送手机更多传感器信息给 S4A 的 APP。它不仅能发送手机加速度传感器的 X、Y、Z 轴和指南针信息,还可以发送海拔、经度、纬度、位置等 GPS 传感器的信息,互动功能非常强大。Sensors2S4A 的运行界面如图 6-56 所示。

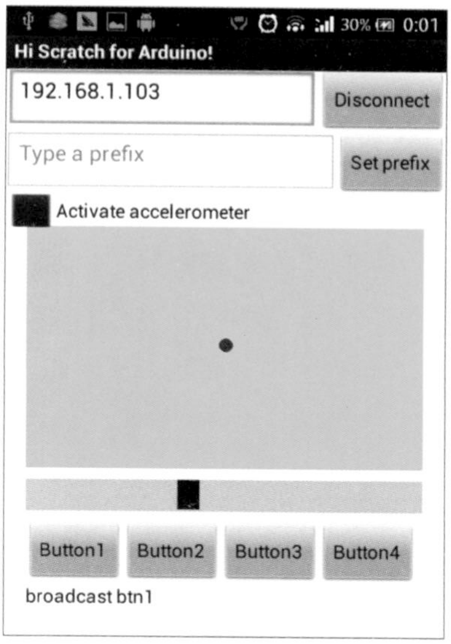

图 6-55　HiS4A 的运行界面

图 6-56　Sensors2S4A 的运行界面

Android 手机加速度传感器的 X 轴和 Y 轴数值表示手机前后左右的倾斜状态，数值在 ±10 之间，"0"表示手机处于水平状态。利用加速度传感器的信息去控制第 4 章的范例——跷跷板，就非常完美了。

> **小提示**：什么是 APP？
>
> 　　APP 是英文 Application 的简称。由于 iPhone 智能手机的流行，现在的 APP 多指智能手机的第三方应用程序。不同手机的 APP 开发技术也是不同的。HTML 5 是主流的 Web APP 开发技术。如果对 Android 系统的 APP 开发感兴趣，可以试试 MIT APP Inventor，它是一款图形化编程软件，Sensors2S4A 就是用 MIT APP Inventor 开发出来的，具体可以参考本书的附录 A。

6.5.3　用手机控制流水灯

还记得第 4 章的范例——手势控制流水灯吗？下面继续对这个作品进行优化：用手机加速度传感器来控制流水灯。手机向左倾斜，灯光就向左流动；倾斜角度越大，流动速度越快；反之亦然。

先运行"手势控制流水灯"，打开远程传感器功能。然后，在 Sensors2S4A 的 IP 地址处填入 S4A 所在计算机的 IP，再单击"启用加速度和指南针"。这时，S4A 的远程传感器处出现 4 个传感器名称，分别为 acc_x、acc_y、acc_z 和 compass。其中，compass 为指南针

信息，其他三个就是加速度传感器的 x、y、z 值，如图 6-57 所示。

既然要让灯光流动的速度随着手机倾斜状态（一般使用加速度传感器 y 轴的数值，即 acc_y）的数值发生变化，需要找出倾斜状态和流动速度之间的关系式。先观察传感器数值和倾斜状态之间的关系，如表 6-4 所示。

图 6-57　Sensors2S4A 发送的
远程传感器信息

表 6-4　手机倾斜状态和加速度传感器数值的关系（y 轴）

手机倾斜状态	加速度传感器数值（y 轴）
平衡	0
向右	大于 0，最大值为 10
向左	小于 0，最小值为 −10

灯光流动速度一般用延时来控制，延时的数值越大，速度越慢。结合表 6-4，找到传感器数值和灯光流动速度之间的关系：传感器数值的绝对值越大，延时时间越短；绝对值越小，延时时间越长。经过测试，下面的公式比较合理。

$$延时时间 = (1 - |传感器|)/10$$

得出表达式后，在 S4A 中增加一个全局变量"速度"，然后在默认角色中增加判断手机状态的脚本，如图 6-58 所示。考虑到手机保持水平状态比较困难，所以等到 acc_y 的绝对值大于 2 时，开始执行灯光流动的动作。

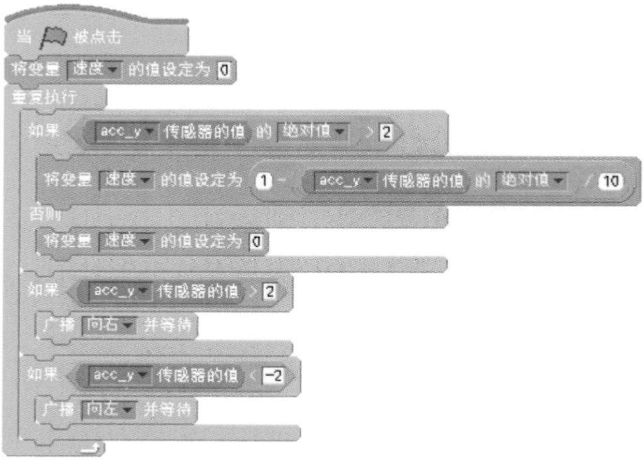

图 6-58　判断手机状态的脚本

然后，修改"向左"和"向右"的广播事件脚本，用变量"速度"来控制延时时间，如图 6-59 所示。

现在，就可以用手机（安卓平板电脑也可以）来控制灯光了。

图 6-59　用变量"速度"来控制延时时间

6.6　S4A 和 S4A 的互动

6.6.1　S4A 和 S4A 的连接

S4A 除了可以和其他网络终端程序互动以外,还可以和自身互动。也就是说,多个 S4A 程序可以通过网络相互连接起来。听起来是不是有点疯狂?

多个 S4A 程序之间的连接同样是通过远程传感器功能实现的。如果要让两台计算机的 S4A 程序相互连接,需要一台计算机的 S4A 开启远程传感器功能,另外一台通过"编辑"菜单的"Join Mesh"功能建立网络连接,如图 6-60 和图 6-61 所示。

图 6-60　"编辑"菜单的"Join Mesh"

图 6-61　输入 S4A 服务器 IP 地址

开启了远程传感器功能的 S4A 称为 S4A 服务器,其他接入的 S4A 作为客户端。一台 S4A 服务器可以支持多台客户端同时连接。

S4A 客户端连接上 S4A 服务器后,相互之间的广播都能收到。其中,客户端的全局变量映射为服务器的远程传感器信息,服务器的全局变量也会映射为客户端的远程传感器信息,如图 6-62 所示。

6.6.2　范例——远程协奏的钢琴

Multiplayer Piano 是一个非常有趣的多人在线钢琴合奏游戏。它采用 HTML 5 技术编写,游戏过程很流畅,无须注册,如图 6-63 所示。你可以进入一个在线房间多人合奏钢琴曲,可玩性很强。

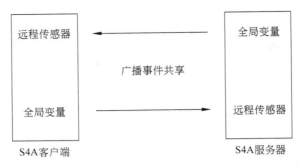

图 6-62　S4A 服务器和客户端的互动

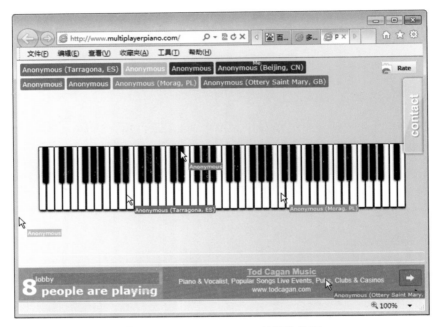

图 6-63　Multiplayer Piano 的网站首页

下面用 S4A 做一台可以远程协奏的钢琴。

（1）服务器端的编写。

编写一个钢琴程序，按下键盘的 A、S、D、F、G、H、J、K、L 等键，就能发出相应的钢琴声。如果缺乏必要的音乐常识，或者觉得从零开始编写太麻烦，可以在范例"PianoMachine"（位于 S4A 安装目录的 Projects\Music and Dance 文件夹下）的基础上进行修改，如图 6-64 所示。

"PianoMachine"是一个由小球随机碰撞琴键而发出声音的小游戏，只要把散落在外的两个琴键移到原处，再把那些不需要的角色删除并保存一个新文件，界面如图 6-65 所示。

在舞台编写如图 6-66 所示的脚本。脚本的作用是在接收到按键后，发送与其相对应的广播事件。其实这段脚本可以写在任何角色上，选择舞台仅仅是因为舞台没有脚本，看起来清爽些。

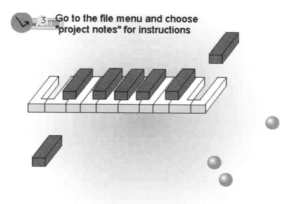

图 6-64　范例"PianoMachine"的运行界面

图 6-65　修改后的钢琴服务器端界面

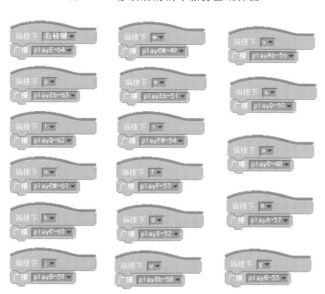

图 6-66　服务器端舞台的参考脚本

因为 S4A 无法识别";"键,只好用右移键来控制最后一个琴键。

(2)客户端的编写。

直接复制一份服务器程序,修改提示文字,就可以将其当作客户端了。当客户计算机端按下 A 键,客户端最右边的琴键会呈现"按下"的状态,发出声音。这时,服务器端最右边的琴键是否会同步被按下(见图 6-67)并发出声音?找台计算机测试一下吧。

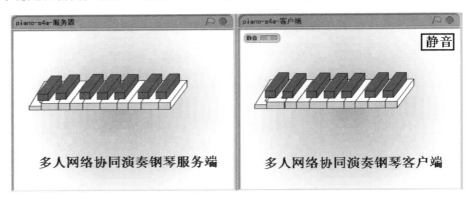

图 6-67　服务器端和客户端的协同演奏

如果演奏者在同一个空间里表演,多台计算机同时发出声音会影响演奏的效果。为此,做一个"静音"的可选功能是有必要的。

首先添加一个"静音"开关的角色,同时添加一个全局变量"静音"。默认情况下,"静音"的值为"0",单击后"静音"的值设为"1"。然后修改每一个琴键角色的脚本。如果"静音"为"0",就弹奏音符,否则延时 0.5s。脚本如图 6-68 和图 6-69 所示。

图 6-68　"静音"角色的参考脚本　　　　图 6-69　"琴键"角色的参考脚本

找两个会弹钢琴的同学,分别在服务器和客户端上合作演绎一首曲子吧。

6.6.3　最简单的"云计算"模型

和"物联网"紧密联系的技术是"云计算"。借助于 S4A 的远程互联功能,只需要做一台 S4A 服务器,接上 Arduino 和各种传感器,那么其他的 S4A 客户端都能接收到数据,并可以编写程序与服务器以及其他的客户端共享数据了,如图 6-70 所示。其实,这就是"云计算"的服务模式。

无论是物联网还是云技术,我们只是通过 S4A 搭建了应用模型,体验了其神奇的功能。如果要做出真正的应用系统,还必须使用 VB、C♯、JAVA 之类的编程语言去开发。

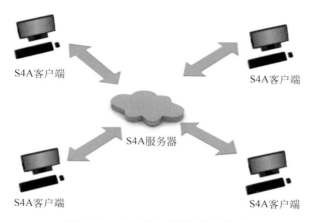

图 6-70 S4A 的"云计算"服务模式

互动媒体技术就是要包容这些最新的技术,把"互动"进行到底。

> **小提示:云计算与物联网的关系**
>
> 云计算(cloud computing)是基于互联网的相关服务的增加、使用和交付模式。云是网络、互联网的一种比喻说法。云计算与物联网这两个名词常常同时出现,物联网是云计算平台的一个重要应用,物联网和云计算之间是应用与平台的关系。物联网的发展依赖于云计算系统的完善,从而为海量物联信息的处理和整合提供可能的平台条件。

你学到了什么

在这一章,你学到了以下知识:

- 物联网的概念;
- 蓝牙驱动的安装和蓝牙模块波特率的设置;
- 用蓝牙模块无线连接计算机和 Arduino;
- S4A 远程传感器协议的用法;
- 编写了一个简单的网页,学会用 URL 参数传送远程传感器命令;
- 用 netbox 搭建一个 Web 服务器,用简单的表单代码和 S4A 交互;
- 用手机浏览器控制 S4A;
- 用 HiS4A 和 Sensors2s4a 等 APP 和 S4A 互动;
- S4A 和 S4A 连接,编写一个能够远程协同演奏的钢琴程序。

动手试一试

(1) 以"Zigbee"为关键字,在网上搜索资料,了解 Zigbee 在无线组网上的优势。

（2）试着做一个服务器端，用发送广播的形式控制其他 S4A 机器人动作，看看能不能做出央视春节联欢晚会上机器人群舞的效果来。

（3）试着修改 5.4.1 小节中的范例，把传感器数值传送过去，控制图案飞舞的速度和角度。

（4）笔者的博客中提供了用 AJAX 写的 Web 页面。请利用网页传送的坐标，编写相应的互动小程序。

（5）我的博客中提供了 S4A 的"聊天室"范例，参考这个范例编写一个二人远程对话的小程序。

（6）把两台计算机连起来，试着用远程传感器协议做一个名叫"魔幻穿越"的小游戏：当单击 A 计算机的角色时，该角色跑到 B 计算机的屏幕中去；当单击 B 计算机的角色时，角色跑到 A 计算机去。

（7）找个安卓手机或者平板计算机，用 Sensors2S4A 发送的加速度传感器或者指南针信息，远程控制 180°舵机的旋转角度。

（8）用智能手机来遥控一盏电灯吧，这是上一章中想实现的功能。在继电器插座的支持下，是不是很简单？但一定要注意安全。

（9）S4A 无法获取计算机的当前时间是挺遗憾的一件事。试着利用远程传感器协议，编写一个网页或者 VB 小程序，把计算机的时间以远程传感器的形式传送给 S4A，然后设计一款 S4A 闹钟。

（10）在"2012 年国际大学生物联网创新创业大赛"总决赛中，西北工业大学制作了名为"感情伴侣"的作品。作品由两个不倒翁组成，只要把两个不倒翁放在有网络的地方，不管相隔多远，只要触动其中一个，另一个就会有所反应，甚至温度上升，灯光变亮。能否用 S4A 做一个类似的作品？

第7章 从 S4A 到 Processing

　　S4A 是一款面向少年儿童的图形化编程语言，在功能上不够强大。那么，还有哪一款编程软件在互动方面具有特色？我向大家推荐一款以数字艺术为背景的程序语言——Processing。Processing 和 Scratch 一样，由麻省理工学院媒体实验室开发，其定位是对科学和艺术之间的跨领域表现有兴趣的人。

7.1　Processing 简介

　　Processing 是由美国麻省理工学院媒体实验室美学与运算小组（Aesthetics Computation Group）的 Casey Reas 与 Ben Fry 创立的一款专供设计师和艺术家使用的编程语言。Processing 在电子艺术的环境下介绍程序语言，并将电子艺术的概念介绍给程序设计师。

　　Processing 是 Java 语言的延伸，支持许多现有的 Java 语言架构，不过在语法上简易许多，并具有许多贴心及人性化的设计。通过它，无须太高深的编程技术，便可以实现梦幻般的视觉展示及媒体交互作品。同时，Processing 可结合 Arduino 等相关硬件，制作出令人惊艳的互动作品。因此，使用 Processing 编程不仅仅是实现算法，也可以创造出美轮美奂的艺术作品，如图 7-1 所示。

图 7-1　Processing 作品

Processing 的创始人 Casey Reas 和 Ben Fry 编写了一本《爱上 Processing》，由陈思明和郭浩赟翻译，并已经出版。广州美术学院的谭亮老师编写了《Processing 互动艺术》，是国内第一本关于 Processing 的书籍。国内知名创客宜城老张编写了多个 Processing 与 Arduino 互动的作品，并在博客上公开了教程。Processing 资源网站如 http://www.openprocessing.org/和 http://wiki.processing.org/，提供了很多精彩的作品。

Processing 软件的官方网站：http://www.Processing.org/

Processing 软件下载地址：http://www.Processing.org/download/

宜城老张的博客：http://www.eefocus.com/zhang700309/blog/

7.2　下载与安装

Processing 的最新版本为 2.1.1，其可以运行在 Windows、MAC OS X、MAC OS 9、Linux 等操作系统上。

Processing 分为很多版本，如图 7-2 所示。

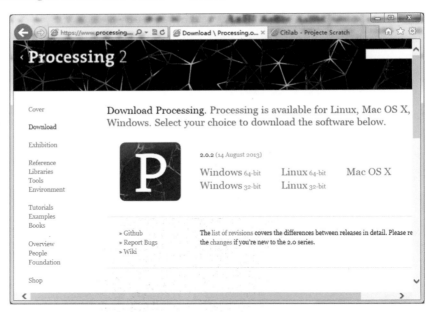

图 7-2　Processing 下载页面

和 Arduino IDE 一样，它无须安装，解压后就可以使用，启动界面和工作界面如图 7-3 和图 7-4 所示。

> 小提示：Processing 和 Arduino 的关系
>
> 你是否发现，Processing 和 Arduino 的界面非常相似？其实，Arduino 的 IDE 环境就是基于 Processing 开发的。

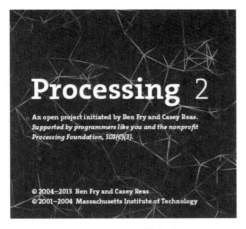

图 7-3　Processing 的启动界面

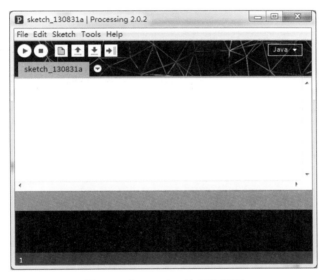

图 7-4　Processing 的工作界面

7.3　Processing 和 Arduino 的互动

7.3.1　范例——SimpleRead

既然是以交互为特色的编程语言，Processing 的范例中提供的多个和硬件进行互动的作品都是基于 Arduino 编写的。通过执行"File（文件）"→"Examples"命令打开，可以找到这些作品，如图 7-5 所示。

和硬件互动的范例在"Libraries"的"serial"中。其中 SimpleRead 是一个能够读取 Arduino 发送的信息，然后根据信息变换背景的小程序。范例中同时提供了 Processing

和 Arduino 的代码，Arduino 代码在 Processing 程序的后面，一般在注释中注明为"Arduino Code"，如图 7-6 所示。

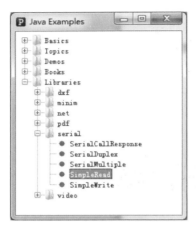

图 7-5　打开 Processing 的范例

图 7-6　SimpleRead 的编辑窗口

📝 小提示：什么是注释？

　　注释（comment）就是对代码的解释和说明。在程序中加入注释的目的是为了让别人和自己很容易看懂。计算机在编译或者运行的时候会忽略这些注释语句。Arduino 和 Processing 采用类 C 的语法，支持使用"//"来编写单行注释，或者使用"/＊"和"＊/"来编写多行的注释块。为了不影响 Processing 代码的运行，作者一般会将 Arduino 的代码放在"/＊"和"＊/"之间。

SimpleRead 的代码如下（为了减少篇幅，删除了原代码中的部分注释语句）：

```
import Processing.serial.*;
Serial myPort;                        //Create object from Serial class
int val;                              //Data received from the serial port
void setup()
{
  size(200, 200);
  //I know that the first port in the serial list on my mac
  //is always my FTDI adaptor, so I open Serial.list()[0].
  //On Windows machines, this generally opens COM1.
  //Open whatever port is the one you're using.
  String portName=Serial.list()[0];
```

```
    myPort=new Serial(this, portName, 9600);
  }


  void draw()
  {
    if (myPort.available()>0) {          //If data is available,
      val=myPort.read();                 //read it and store it in val
    }
    background(255);                     //Set background to white
    if (val==0) {                        //If the serial value is 0,
      fill(0);                           //set fill to black
    }
    else {                               //If the serial value is not 0,
      fill(204);                         //set fill to light gray
    }
    rect(50, 50, 100, 100);
  }
  /*
  //Wiring / Arduino Code
  //Code for sensing a switch status and writing the value to the serial port.
  int switchPin=4;                       //Switch connected to pin 4
  void setup() {
    pinMode(switchPin, INPUT);           //Set pin 0 as an input
    Serial.begin(9600);                  //Start serial communication at 9600 bps
  }
  void loop() {
    if (digitalRead(switchPin)==HIGH) { //If switch is ON,
      Serial.print(1, BYTE);             //send 1 to Processing
    } else {                             //If the switch is not ON,
      Serial.print(0, BYTE);             //send 0 to Processing
    }
    delay(100);                          //Wait 100 milliseconds
  }
  */
```

请将"/ * "和" * /"之间的代码复制出来,用 Arduino IED 写入 Arduino 中(请参考 4.1.1 小节),如图 7-7 所示。然后在 Processing 的代码中将 COM 口改为本机和 Arduino 连接的 COM 口,单击 ,Arduino 就可以和 Processing 互动了。

小提示:如何修改 Processing 代码中的 COM 口?

找到 Processing 代码中的"String portName=Serial. list()[0];",其中"0"表示为 COM1,COM5 为"4",以此类推。有些代码中可能使用语句"myPort = new Serial (this, "COM3", 9600)",修改起来更简单。比如在笔者的计算机中,Arduino 使用的 COM 口为 COM9,所以要改为 Serial. list()[8]。

范例 SimpleRead 的功能是读取 Arduino 发送的数据,然后变换背景。从"int

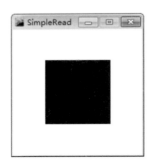

图 7-7　将 Arduino 代码复制到 Arduino IDE 中

switchPin＝4"语句可以得知,Arduino 电路板的数字口 4 上,要接上一个数字传感器,如按钮、单向倾角和红外测障等传感器。当数字传感器的状态发生变化时,Processing 的画面也会发生相应的变化,如图 7-8 所示。

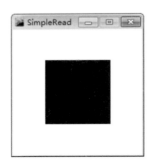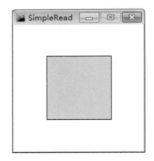

图 7-8　Processing 画面的两种状态

7.3.2　范例——虚拟机械臂

使用 Processing 可以编写出比较复杂的互动程序。"虚拟机械臂"为温州中学薛杨同学设计的作品,其功能是利用两个旋钮传感器来控制画面中的机器人手臂。旋钮传感器接在 Arduino 的模拟口 0 和模拟口 1。

Arduino 代码如下:

```
int INPUT_1=0;
int INPUT_2=1;
```

```
void setup()
{
  Serial.begin(9600);
}
void loop()
{
  int a=analogRead( INPUT_1)/8;
  Serial.write(a);
  int b=analogRead( INPUT_2)/8;
  Serial.write(b+127);
  delay(100);
}
```

Processing 代码如下：

```
import Processing.serial.*;
Serial myPort;
int val;
PImage z;
float x, y, a, b;
float angle1=0;
float angle2=0;
float segLength=100;

void setup() {
  size(640, 360);
  z=loadImage("robot.gif");
  myPort=new Serial(this, "COM9", 9600);          //这里修改 COM 口
  strokeWeight(30);
  stroke(160, 200);
  x=width * 0.3;
  y=height * 0.5;
}
void draw() {
  background(0, 145, 125);
  image(z, 5, -10);
  if ( myPort.available()>0) {
    val=myPort.read();
  }
  if (val<128) {
    a=val * 5;
  }
  else {
    b= (val-127) * 5;
  }
  angle1=(a/float(width) -0.5) * -PI;
  angle2=(b/float(height) -0.5) * PI;
  segment(x, y, angle1);
  segment(segLength, 2, angle2);
}
```

```
void segment(float x, float y, float a) {
  translate(x, y);
  rotate(a);
  line(0, 0, segLength, 0);
}
```

Processing 代码中需要加载一张名为 robot.gif 的图片。程序的运行效果如图 7-9 所示。

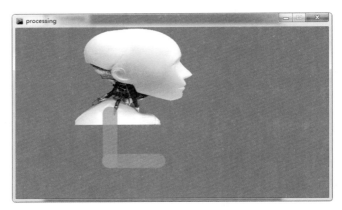

图 7-9 "虚拟机械臂"的运行效果

本例如果再加入几张图片和传感器，可以实现更有趣的效果。比如，通过按下按钮传感器来控制机器人手臂抓取苹果，然后移到其他地方，如图 7-10 所示。

图 7-10 能抓苹果的虚拟机械臂

7.4 Processing 让 S4A 支持摄像头

2013 年 5 月，MIT 媒体实验室发布了 Scratch 2.0。支持摄像头是 Scratch 2.0 的一大亮点，如使用模块 **video direction on Stage** 侦测视频图像的运动方向。其实，利用 Processing 的视频处理功能，也可以让 S4A 支持简单的手势识别。

7.4.1　Processing for S4A

Processing for S4A 是一个专为 S4A 设计的 Processing 代码，其功能是获取摄像头画面中的某个色彩，然后将该色彩的坐标发送给 S4A。Processing 和 S4A 的联系也是通过"远程传感器"功能来实现的，因此 S4A 需要开启"远程传感器"功能。

Processing for S4A 的代码如下：

```
import Processing.video. * ;
Capture video;
color findColor;
int mydiff;
import Processing.net. * ;
Client c;
String data;
int count=0;
int status=0;                      //当前状态
int absright=1;                    //等于-1,则 x 坐标水平翻转,和画面相反
String ip="127.0.0.1";
void setup() {
  size(640, 480);                  //Change size to 320 x 240 if too slow at 640 x 480
  video=new Capture(this, 640, 480);
  video.start();
  smooth();
  findColor=color(255, 0, 0);      //定义颜色
  mydiff=15;                       //允许的最小容差
  frameRate(4);                    //帧速,每秒 4 帧
  c=new Client(this, ip, 42001);   //Connect to s4a
}

void draw() {
  if (video.available()) {
    video.read();
  }
  video.loadPixels();
  image(video, 0, 0, width, height);
  float difference=300;            //初识色彩容差
  float min_d=300;                 //记录最小的容差数
  int miniX=0;                     //找到差异最小的色彩坐标
  int miniY=0;
  for (int x=0;x<width;x++) {
    for (int y=0;y<height;y++) {
      int loc=x+y * video.width;
      color  c=video.pixels[loc];
      float r1=red(c);
      float g1=green(c);
      float b1=blue(c);
      float r2=red(findColor);
      float g2=green(findColor);
```

```
        float b2=blue(findColor);
        float d=dist(r1, g1, b1, r2, g2, b2);          //计算差异度
        if (d<difference) {
          difference=d;
        }
        if (min_d>difference) {
          min_d=difference;
          miniX=x;
          miniY=y;
        }
      }
    }
  //println(difference);println(x);println(y);
  if (difference<mydiff) {
    fill(findColor);
    stroke(255);
    rect(miniX, miniY, 20, 20);
    //开始发送 Web 信息给 s4a
    miniX=((miniX * 48/64)-240) * absright;
    miniY=((miniY * 36/48)-180) * -1;
    if (count==0) {
      gets4a_xy(miniX, 0);
      count=1;
    }
    else {
      gets4a_xy(miniY, 1);
      count=0;
    }
  }
  else {
    if (status!=0) {
      gets4a_b("stopfind");
      status=1;
    }
  }
}
void mousePressed() {
  int loc=mouseX+mouseY * video.width;            //鼠标确定某一像素
  findColor=video.pixels[loc];
  status=1;
}
void gets4a_xy(int xy, int t) {
  if (status==1) {
    gets4a_b("startfind");
    status=2;
  }
  else {
    if (t==0) {
      c.write("GET /? sensor-update=sensorX="+xy+" HTTP/1.1\r\n");
```

```
        }
        else
        {
            c.write("GET /? sensor-update=sensorY="+xy+" HTTP/1.1\r\n");
        }
        c.write("\r\n");
        if (c.available()>0) {
            data=c.readString();
            println(data);
        }
    }
}

void gets4a_b(String b) {
    c.write("GET /? broadcast="+b+" HTTP/1.1\r\n");        //发送广播
    c.write("\r\n");
    if (c.available()>0) {                      //If there's incoming data from the client...
        data=c.readString();                    //...then grab it and print it
        println(data);
    }
}
```

运行以上代码，然后选择摄像头画面中的某个色彩，识别出色彩后，Processing 会在旁边显示一个正方形的色块。摄像头的识别容易受光线干扰，最好在光线比较均匀的环境中测试，并且找一个和背景颜色不同的物体作为识别标志，如图 7-11 所示。

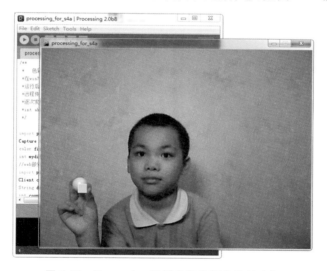

图 7-11　Processing 识别出红色颜色块的坐标

S4A 的远程传感器中将增加两个传感器，名称为 sensorX 和 sensorY，分别表示 x 和 y 坐标，如图 7-12 所示。程序开始识别时，会发送广播"startfind"；无法识别到色彩时，会发送广播"stopfind"。

图 7-12　S4A 接收到远程传感器的信息

7.4.2　编写和手势交互的程序

借助 Processing for S4A 发送的坐标，可以编写与手势识别相关的程序。手势识别可是当前最热门的技术呢。

先编写一个用手势控制的小游戏。smoke and cloud 是一名小学生编写的游戏，用手势(Y 坐标)控制烟囱里出来的灰色烟雾左右移动，使其不和白云相遇。当 Processing 开始识别颜色的时候，游戏开始运行，白云将缓缓飘落；如果 Processing 无法识别相应的颜色，白云暂停飘落，效果如图 7-13 所示。

图 7-13　smoke and cloud 的游戏效果

程序中使用了多个角色，有房子、白云、烟等，如图 7-14 所示。

核心角色为"smoke"，即手势要控制的对象。操作者要通过手势控制 smoke 角色的左右移动，不让它碰上白云。其参考脚本如图 7-15 所示。

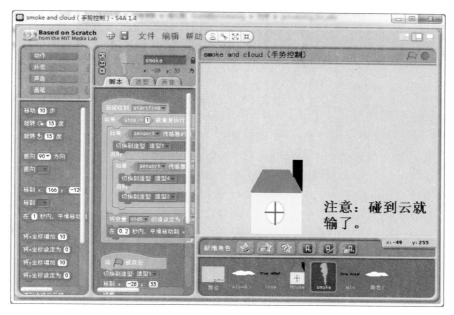

图 7-14　smoke and cloud 的编辑视图

图 7-15　smoke and cloud 的参考脚本

现在，你是否感受到 Processing 的魅力？它的代码简洁，且功能强大。Processing 模块还可以嵌入到 Android 的开发环境中。最近，有人利用 Processing 编写了人脸识别系

统,能识别脸部表情,互动功能非常强大。

有了 S4A 的基础,再去研究 Processing,在互动媒体技术方面一定会大有收获。

你学到了什么

在这一章,你学到了以下知识:

- Processing 的下载和安装;
- 测试 Processing 和硬件互动的范例,了解串口通信的一般过程;
- 修改 Processing 范例中的 COM 口;
- 根据 Arduino 代码,正确选择 Arduino 端口;
- 通过 Processing for S4A,体验 Processing 的视频识别功能;
- 通过"smoke and cloud",初步体验了手势识别的魅力。

动手试一试

(1) 打开 Processing 的范例,分别体验这些范例的效果。

(2) 访问宜城老张的博客,模仿他提供的源码和器材,制作互动作品。

(3) 试着模仿"虚拟机械臂"的代码,用 Processing 编写"跷跷板"程序。

(4) 利用 Processing for S4A 发送的坐标,编写一个小游戏。

(5) 温州中学的才格力图同学用 Processing 编写了一幅能"感知外界环境变化"的风景画。他利用光线传感器,判断当前是白天还是黑夜;利用雨点传感器,检测是否下雨,这幅风景画会根据这些信息显示出不同的景色。当外面下雨了,画中的湖面也会荡漾出波纹的。请你也试试。

(6) 爱尔兰的 Stephen Howell 开发了 Kinect 2 Scratch。这个程序能够将 Kinect 识别出来的人体骨骼信息发送给 Scratch,让 Scratch 也能编写手势识别方面的程序。S4A 是 Scratch 的修改版本,当然也支持 Kinect 2 Scratch,使用方式和 Processing for S4A 几乎完全一致,也是利用远程传感器功能来发送信息的。Kinect 2 Scratch 的下载地址为 http://scratch.saorog.com/。

附录 A 用 App Inventor 开发 Sensors2S4A

随着应用范围的拓展,智能手机中安装的传感器也越来越多。在 Android 2.3 Gingerbread 系统中,Google 就提供了加速度、磁力、方向、陀螺仪、光线感应、压力、温度、接近、重力、线性加速度和旋转矢量 11 种传感器信息供应用层使用。因此,编写一款 App,把手机中的传感器信息发送给 S4A,并进行互动,无疑是非常有趣的应用。

Sensors2S4A 是笔者利用 App Inventor 编写的 App,能够把 Android 手机中的方向(指南针)和加速度传感器的信息,以远程传感器的形式发送给 S4A。和 S4A 一样,App Inventor 也是一款图形化的编程工具。

一、App Inventor 简介

App Inventor 是 Google 公司几年前推出的一个面向 Android 程序编写的服务,后来此项目被 Google 公司废弃。2012 年,麻省理工学院正式接管 App Inventor 项目,并借鉴 Scratch 的可视化编程形式进行重新开发,更名为 MIT App Inventor 项目。App Inventor 基于在线编程网站的形式,并对公众开放使用,其目的是让没有编程经验和知识的人也能参与 Android 应用程序的开发。

二、准备工作

1.注册 GoogleID

App Inventor 平台需要一个 GoogleID 才能登录使用,所以必须先注册一个 GoogleID。如果读者还没有拥有 GoogleID(如 Gmail 账号),请先通过 Google 网站注册,具体过程略。

2. Java 环境配置

App Inventor 编程需要搭建 Java 环境,请通过 Java 官方网站下载。其安装过程如图 A-1~图 A-3 所示。其中,第二步中的具体下载时间由网速决定,请耐心等待。

JAVA 中文版下载地址为 http://www.java.com/zh_CN/download/。

3. 登录 App Inventor

App Inventor 采用在线编程的形式,不用另外安装客户端。考虑到浏览器的兼容性,这里推荐使用谷歌浏览器 Chrome。

登录 App Inventor 的步骤如下:

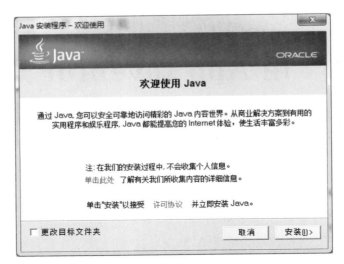

图 A-1　安装 Java 第一步

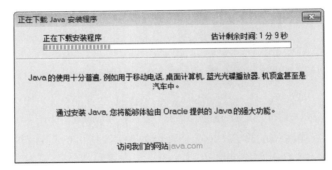

图 A-2　安装 Java 第二步

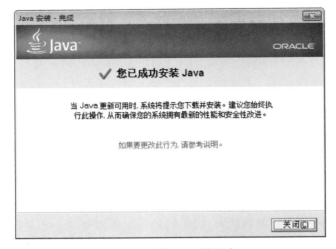

图 A-3　安装 Java 第三步

（1）在地址栏中输入：http://appinventor.mit.edu/，单击"Invent"按钮（创建手机应用程序），进入登录页面，如图 A-4 所示。

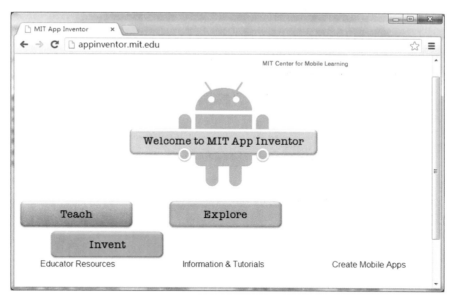

图 A-4 App Inventor 首页

（2）输入 GoogleID 账户和密码，单击"登录"按钮，如图 A-5 所示。

图 A-5 登录 App Inventor

（3）在跳转的页面中，如果出现如图 A-6 所示的提示，请选择"Allow"（允许）按钮。

这时，成功登录到 App Inventor 官方平台界面，如图 A-7 所示。因为还没有建立项目，系统出现相应的文字提示。

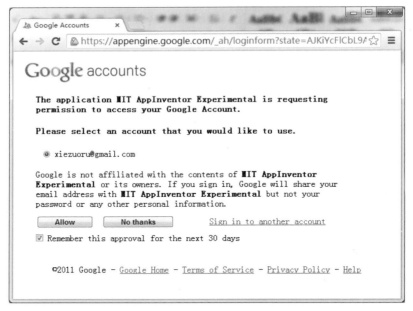

图 A-6　请选择"Allow"（允许）按钮

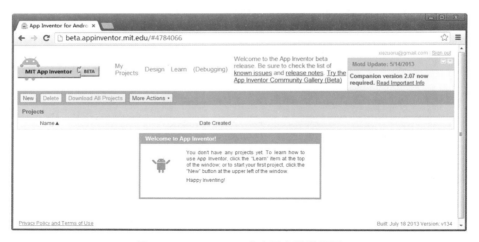

图 A-7　App Inventor 官方平台默认界面

三、界面设计

1. 功能分析

　　Sensors2S4A 的主要功能是获取手机传感器信息，以 URL 的形式传递给 S4A 远程传感器的服务端口，其工作流程如图 A-8 所示。App 界面很简单，它用文本框显示相应的传感器信息，具备"开始"和"停止"按钮即可。根据手机中常见的传感器类型，我们需要获取的信息为加速度传感器的 X、Y、Z 轴和方向传感器（指南针）的数值。

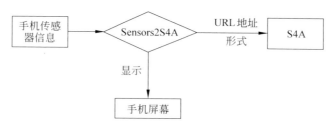

图 A-8　Sensors2S4A 程序的工作流程

2. 创建项目

MIT App Inventor 平台由上、下两部分组成。上面部分是 MIT App Inventor 平台导航栏，下面部分是 MIT App Inventor 平台的应用程序项目的制作区域。首先要单击"New"按钮，新建一个项目，取名为 Sensors2S4A。

3. 设计 App 界面

MIT App Inventor 提供了非常直观的项目设计界面，其操作和 VB 非常相似，把需要的控件从 Palette 拖入到 Viewer 中，然后在 Properties 中设置控件的属性，如图 A-9 所示。

图 A-9　App Inventor 的项目设计界面

（1）在 Palette 中，选择 Screen Arrangement 选项卡下的 HorizontalArrangement，拖入 Viewer 中，如图 A-10 所示。

（2）在 Components 中选中刚插入的控件"HorizontalArrangement1"，在 Properties 中设置 Width 为"Fill parent"，设置 AlignHorizontal 为"Center"，如图 A-11 所示。

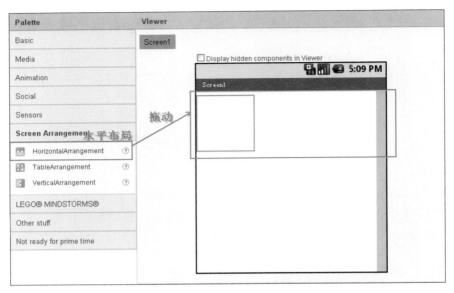

图 A-10　添加 HorizontalArrangement 控件

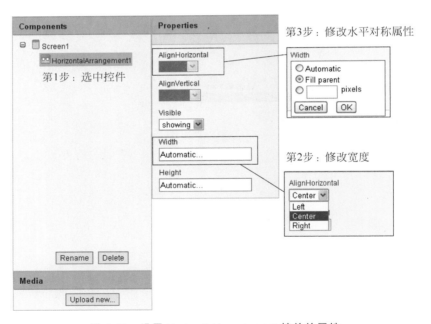

图 A-11　设置 HorizontalArrangement 控件的属性

（3）在 Palette 中选择 Basic 选项卡下的 Label，并将其拖曳到屏幕中的位置，如图 A-12 所示。在 Components 中选择该组件，设置 Text 属性，输入文字"S4A 的 IP："。

（4）把 Basic 选项下的控件 TextBox 拖曳到屏幕中，如图 A-13 所示。单击"Rename" 按钮重新命名控件为：s4aip，并在属性面板中设置 Hint 属性参数为"S4A 要开启远程传感器"，Text 属性为"192.168.1.2"。

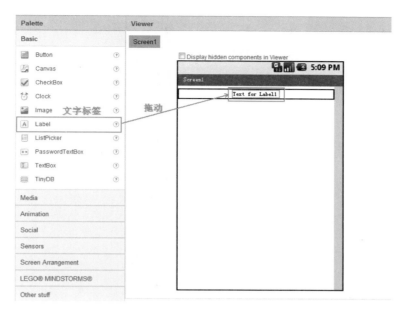

图 A-12 添加 Label 控件

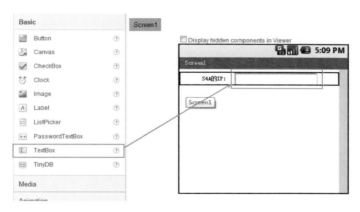

图 A-13 添加 TextBox 控件

（5）逐步添加其他控件，控件的位置、类型、命名以及属性设置如表 A-1 所示。程序界面设计的最终效果如图 A-14 所示。

四、代码编写

完成了 Sensors2S4A 的界面设计后，就可以开始编程了。App Inventor 的编程和 Scratch 很相似。

单击项目菜单栏右边的"Open The Block Editor"菜单，出现"AppInventorFor-AndroidCodeblocks. jnlp"文件的下载（保存）窗口，单击"打开"按钮，JAVA 开始启动，稍等片刻就会出现积木搭建式的编程界面，如图 A-15 所示。

表 A-1　控件列表

位　置	控件类型	控件命名	属　性	属性值	作　用
Screen Arrangement	HorizontalArrangement	默认	Width	Fill parent	布局
			AlignHorizontal	Center	
Basic	Label	默认	Text	"S4A 的 IP:"	IP输入
Basic	TextBox	s4aip	Hint	"S4A 要开启远程传感器"	
			Text	"192.168.1.2"	
Screen Arrangement	HorizontalArrangement	默认	Width	Fill parent	布局
			AlignHorizontal	Center	
Screen Arrangement	TableArrangement	默认	Columns	2	布局，一行一个控件
			Rows	4	
Basic	Label	默认	Text	"加速度 X:"	显示 X 值
Basic	TextBox	Accelerometer_text1			
Basic	Label	默认	Text	"加速度 Y:"	显示 Y 值
Basic	TextBox	Accelerometer_text2			
Basic	Label	默认	Text	"加速度 Z:"	显示 Z 值
Basic	TextBox	Accelerometer_text3			
Basic	Label	默认	Text	"指南针:"	显示方向值
Basic	TextBox	Accelerometer_text4			
Screen Arrangement	HorizontalArrangement	默认	Width	Fill parent	布局
			AlignHorizontal	Center	
Basic	Button	start_acc	Text	"启动加速度和指南针"	控制
Basic	Button	stop	Text	"停止"	
Sensors	AccelerometerSensor	默认			加速度传感器
Sensors	OrientationSensor	默认			方向传感器
Basic	Clock	默认			定时器
Other Stuff	Web	默认			
Not ready for prime time	WebViewer	默认	Visible	hidden	

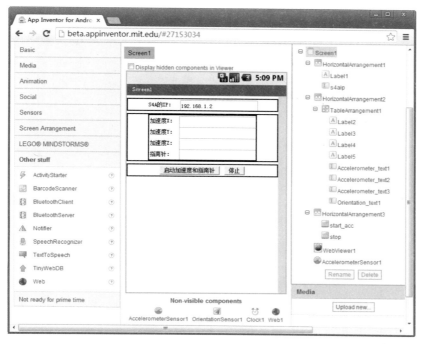

图 A-14 最终设计界面

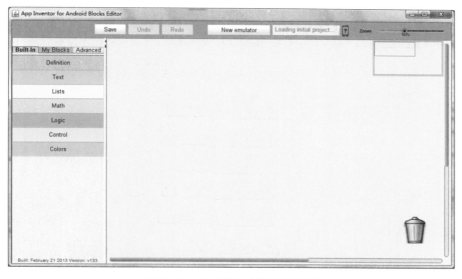

图 A-15 积木搭建式的编程界面

如果出现安全警告,请单击"运行"按钮,如图 A-16 所示。

如果出现图 A-17 所示的提示对话框,单击"取消"按钮即可。

限于篇幅,这里不再详细演示代码的编写过程,请参照相应的教程。

下面简要介绍程序的核心代码。

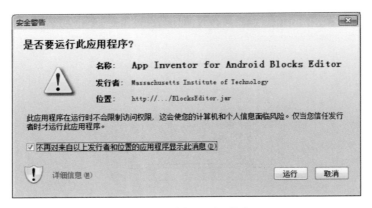

图 A-16　选择"运行"按钮

图 A-17　选择"取消"按钮

（1）定义变量。其代码如图 A-18 所示。

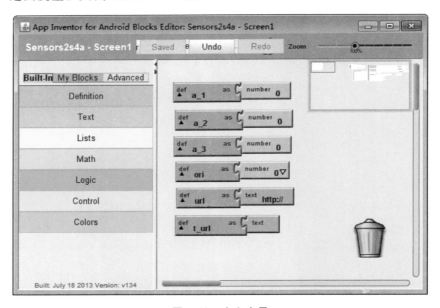

图 A-18　定义变量

（2）为"stop"按钮编写 Click 事件的代码。代码如图 A-19 所示。

（3）为"start_acc"按钮编写 Click 事件的代码。代码如图 A-20 所示。

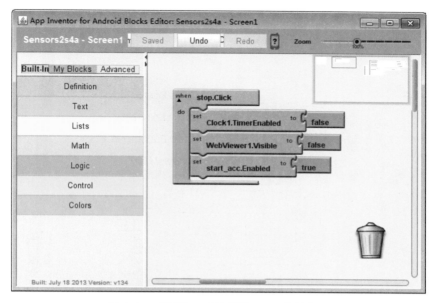

图 A-19 编写"stop"按钮的 Click 事件代码

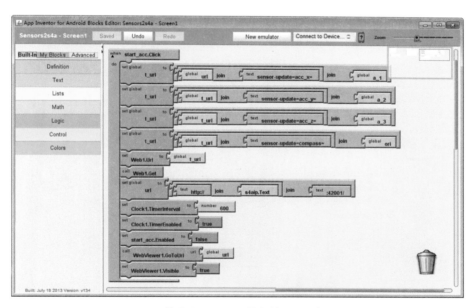

图 A-20 编写"start_acc"按钮的 Click 事件代码

（4）为 Clock 控件编写事件代码。代码如图 A-21 所示。

（5）最终参考代码如图 A-22 所示。

五、编译下载

完成了 Sensors2S4A 的界面设计和代码编写，就可以进入 App 应用程序的调试阶段

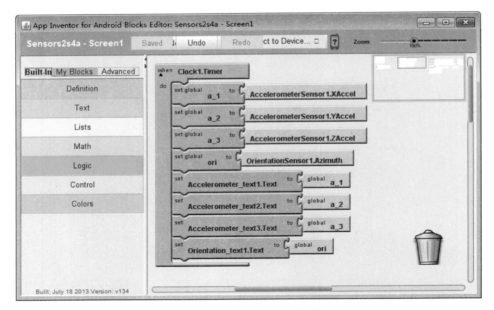

图 A-21 编写 Clock 控件的事件代码

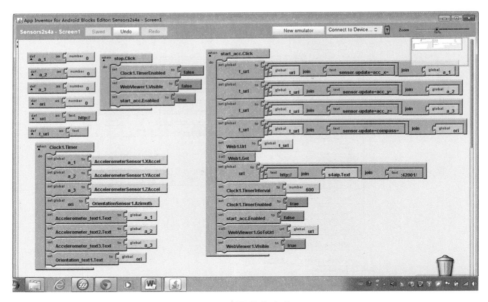

图 A-22 最终参考代码

了。关闭代码窗口，回到界面设计的页面。单击项目菜单右边的"Package for Phone"菜单，选择"Download to this Computer"，将设计好的 Sensors2S4A 项目封装成 apk 文件并进行下载保存，如图 A-23 和图 A-24 所示。

将下载后的 Sensors2S4A.apk 文件安装在安卓手机（平板）上。测试一下，是不是很有成就感？

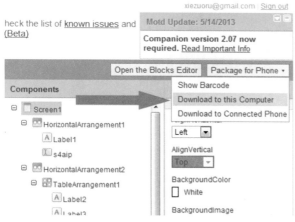

图 A-23 编译并下载

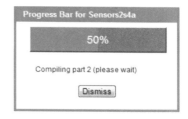

图 A-24 正在编译中

还要注意以下几点。

（1）S4A 的 IP 要正确填写，并且 S4A 要开启远程传感器服务，否则 App 将出现错误提示。

（2）有些安卓手机系统可能暂时不支持 App Inventor 编译的 apk 文件，如小米手机的系统。如果有杀毒软件提示有病毒，应为误判，请放心运行。

（3）为了方便调试，App Inventor 还提供了一款名为 Mit Aicompanion 的 App，通过这个 App，可以更加便捷地安装编译好的 apk 文件，这里就不详细介绍了。

（4）App Inventor 支持项目导入，本文涉及的项目可以通过笔者的博客下载。

附录 B   本书涉及的硬件清单

名　称	类型	数量	备　注
Arduino UNO	必选	1	
Arduino 扩展板	必选	1	建议购买 V5 以上的版本
USB 连接线	必选	1	
按钮传感器	必选	1	
光敏传感器	必选	1	也称为光线传感器、环境光传感器
温度传感器	必选	1	
单向倾角传感器	必选	2	
红外测障传感器	必选	2	
旋钮传感器	必选	2	
继电器模块	必选	2	其中一个用来改造继电器插座
LED 模块	必选	3	至少有一个可调亮度
360°舵机	必选	2	建议购买 0.5A 以内的微型舵机，360°舵机采用 1.3ms 和 1.7ms 两种长度的脉冲，分别代表正转和反转。180°舵机则采用 600～2400ms 长度的脉冲，表示 0～180°。
180°舵机	必选	1	
蓝牙模块	必选	1	
USB to Serial 模块	必选	1	设定蓝牙参数需要该模块
普通电源插座	必选	1	选择尺寸较大的型号
超再生遥控套件	必选	1	选择 SC2272—M4
FF—130SH 电机	可选	1	
振动电机	可选	1	
L298 直流电机驱动模块	可选	1	
蜂鸣器模块	可选	1	
加速度传感器模块	可选	1	
全彩 LED 模块	可选	1	
LED(发光二极管)	可选	若干	不同颜色
色环电阻	可选	若干	270Ω～10kΩ
杜邦线	可选	若干	不同颜色
面包板、洞洞板	可选	1	
电磁阀	可选	1	5V
2.4GB 无线下载模块	可选	2	无线下载需要配对使用
Zigbee 模块	可选	2	Zigbee 模块需要配对使用
蓝牙适配器	可选	1	笔记本电脑一般自带蓝牙适配器

注: 本清单涉及的硬件都可以在 DFRobot 的商城和淘宝店铺买到。

附录 C　硬件推荐及说明

DFRduino UNO R3

DFRduino UNO R3 是一款完全兼容 Arduino UNO 的微控制板。它具备 14 个数字输入和输出口,其中 6 个为 PWM 输出口,6 个模拟输入口。UNO R3 包含了一切微控制器的必备要素。只要将其通过 USB 连接到计算机,或者用适配器或电池为其供电,UNO R3 就能够像普通主控器一样的工作。

IO 传感器扩展板 V7

DFRobot IO 扩展板 V7 将 Arduino 系列主控板的 IO 端口通过 3Pin 排针(GND、VCC、SIGNAL)的形式扩展出来。用户可以直接将传感器模块插在上面,省去了繁琐的面包板接线。另外,扩展板上还可以直插 Xbee 封装的通信模块和普通封装的蓝牙或射频模块。IO 扩展板还能为主控器提供外接电源,并且提供 3.3V 供电,兼容更多扩展设备。

超再生遥控套件

该套件中带有一款 315MB 无线接收模块和遥控器。其中无线模块采用 SC2272 为接收解码芯片,遥控器采用 SC2262 为发射芯片。SC2272 一般与 SC2262 配对使用,也可以和其他兼容型号配对使用。无线接收模块最大拥有 8 位的三态地址管脚,可支持多达 6561 个地址的编码。因此极大地减少了编码的冲突和非法对编码进行扫描以使之匹配的可能性。

温度传感器

基于 LM35 半导体的温度传感器,可以用来对环境温度进行定性的检测。测温范围是 −40 ~ 150℃,灵敏度为 10mV/℃,输出电压与温度成正比。

继电器模块

采用大电流优质继电器,提供 1 路输入与输出,最高可以接 277V/10A 的交流设备或 25V/10A 的直流设备,因此能够用来控制电灯、电机等设备。

旋钮传感器

基于多圈精密电位器,可以旋转 10 圈左右,可将电压细分为 1024 份。可通过 3Pin 的连接线与传感器扩展板结合,可以精确地实现角度微小变化的互动效果。

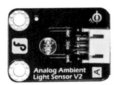

光敏传感器

基于 PT550 环保型光敏二极管的光线传感器,可以用来对环境光线的强度进行检测。通常用来制作随光线强度变化产生特殊效果的互动作品。

按钮传感器

当按钮按下时,会向主控板发送一个高电平信号;按钮放开时,恢复为低电平。

LED 模块

在 PCB 电路上嵌入 LED 灯珠构成 LED 模块,采用 3Pin 的接口,能够非常方便地与 IO 扩展板连接。

单向倾角传感器

基于钢球开关的数字模块,利用钢球的特性,通过重力作用使钢球向低处滚动,从而使开关闭合或断开,因此可以作为简单的倾角传感器使用。钢球开关数字输入模块与 IO 传感器扩展板结合使用,能够实现非常有趣的互动作品,比使用水银开关更加安全。

USB to Serial 模块

USB to Serial 是一款小型的 USB 转 TTL 电平信号的转接板。它集成了 CP2103 芯片,具有体积小、低价好用等特点。可直接插入 USB host 接口使用。这款 USB to TTL 转换板的接口兼容 APC220 无线数据传输模块和蓝牙无线数据传输模块,也可以用于 STC 单片机程序下载或者其他 USB 转 TTL 的串口通信场合。

蓝牙模块

Bluetooth Bee 蓝牙无线数据传输模块采用 XBee 造型设计,体积尺寸紧凑,兼容 DFRobot IO 传感器扩展板 V7。模块具有拨码开关,可设置模块状态,AT Mode 可使模块进入 AT 指令模式,通过 AT 指令可以修改波特率和主/从机模式。将两个模块分别设置为主模块和从模块后,两个模块就可以自由配对进行数据传输,非常适用于两个 LINK 灯,配对成功后会常亮。

普通电源插座

Arduino 专用外部供电源,2A 大电流,7.5V 开关电源。开关电源比变压器电源重量轻,输入电压范围宽,方便随身携带。

红外测障传感器

红外测障传感器是一种集发射与接收于一体的光电开关传感器。当探头前方无障碍时输出高电平,有障碍时则相反。传感器背面有一个电位器可以调节障碍的检测距离。调节好电位器(如调节好的最大距离为 60cm),并且障碍在有效距离内(如 40cm 处或者 10cm 处),则输出低电平,否则是高电平。

USB 连接线

利用 USB 连接计算机和控制器。本 USB 线一端为 USB 接口,另一端为方形接口,用于连接主控器。

360°舵机

采用 DFRobot 的 DF15RSMG 大扭力舵机,在 7.4V 下扭力可达 19.3kg,可旋转 360°。舵机附带两套外壳,一套带 4 个标准 M4 安装孔。另一套为专门用于机械臂设计的双轴承系统。舵机驱动频率可达 4kHz,负载后抖动小,不会产生任何噪声;附带脉冲锁定功能,一个动作只要发送一次 PPM 脉冲即可锁定。

180°舵机

DF13MG 舵机是 DFRobot 专为多自由度机械臂及云台开发的一款 180°旋转金属齿大扭矩双轴承舵机,解决了大部分舵机只能旋转 150°的问题。其 13kg 的大扭矩完全能胜任小型机械臂的各个关节扭力的需要,并具有控制精度高、响应速度快等优点,除了适合用于机械臂,还能用于监控云台、双足机器人、多足机器人等场合。舵机可以直接接插在 Arduino IO 扩展板上,直接使用 Arduino 的 servo 库轻松驱动舵机。

附录 D　可选硬件推荐及说明

L298 直流电机驱动模块

L298P Shield 直流电机驱动器采用 ST 意法半导体公司优秀大功率电机专用驱动芯片 L298P,可直接驱动直流电机、二相/四相步进电机,驱动电流达 2A,电机输出端采用 8 只高速肖特基二极管作为保护。

加速度传感器模块

三轴加速度传感器是一种可以对物体运动过程中的加速度进行测量的电子设备,典型互动应用中的加速度传感器可以用来对物体的姿态或者运动方向进行检测。MMA7361 采用信号调理、单极低通滤波器和温度补偿技术,提供 ±1.5g、±6g 两个量程,用户可在这 2 个灵敏度中选择。该器件带有低通滤波并已做 0g 补偿,提供休眠模式,因而是电池供电的无线数据采集的理想之选。

蜂鸣器模块

数字蜂鸣器是 Arduino 传感器模块中最简单的发声装置,只需要简单的高低电平信号就能够驱动。

全彩 LED 模块

本品是专门针对 Arduino 扩展设计的直插式 3528 全彩 LED 模块。其体积小、亮度高,拥有完美的三基色,通过组合,可以调制出各种颜色。其中 3 种颜色的针脚全部引出,公共端接 +5V,控制端低电平有效。

ZigBee 模块

XBee 模块是采用 ZigBee 技术的无线模块,通过串口与单片机等设备间进行通信,能够非常快速地实现将设备接入到 ZigBee 网络的目的。这是一款 2.4G 的 XBee 无线模块。此模块采用 802.15.4 协议栈,通过串口与单片机等设备进行通信,支持点对点通信以及点对多点网络。此模块的天线为导线天线,简单、方便。

蓝牙适配器

本品作为蓝牙和 USB 信号之间的转换装置,帮助 PC 和其他蓝牙设备之间建立数据连接。该适配器采用蓝牙 2.0 标准,操作频带在 2.4GHz 至 2.483GHz 之间,采用 FHSS(跳频展频)技术。传输范围可达 10m。

振动电机

振动电机在转子轴两端各安装一组可调偏心块,利用轴和偏心块高速旋转产生的离心力得到激振力,如手机的来电振动就是利用这种电机实现的。

FF—130SH 电机

常见的 6V 直流电机,重 23g,转速可达 7400rpm。一般用在玩具车、剃须刀、光驱等设备中。

LED(发光二极管)

简单的 LED 灯珠。

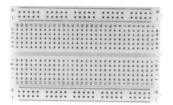

面包板、洞洞板

可以在面包板上直插各种电子元件,然后用面包线连接成电路。

色环电阻

不同阻值的电阻若干,可以通过上面的颜色环识别。

杜邦线

在面包板上做实验时使用的电路连接线。

为读者提供了完整的配套硬件

请进入 DF 创客社区 www.DFRobot.com.cn

扫一扫获取产品详情

参 考 文 献

［1］谭亮. Processing 互动编程艺术［M］. 北京：电子工业出版社，2011.

［2］郭晓寒，何雨津. 互动媒体艺术［M］. 重庆：西南师范大学出版社，2008.

［3］Casey Reas，Ben Fry. 爱上 Processing［M］. 北京：人民邮电出版社，2012.

［4］曹倩. 实验互动装置艺术［M］. 北京：中国建筑工业出版社，2011.

［5］郎为民. 大话物联网［M］. 北京：人民邮电出版社，2011.

［6］Dale Wheat. Arduino 技术内幕［M］. 北京：人民邮电出版社，2013.

［7］S4A 官方网站，http：//seaside. citilab. eu/Scratch.

［8］Scratch 官方网站，http：//Scratch. mit. edu/.

［9］DFRobot 网上商城，http：//www. DFRobot. com. cn.

后 记

在众多朋友的期待中，《S4A 和互动媒体技术》终于和大家见面了。如果您从本书开头一直读到结尾，您一定会发现：互动媒体技术听起来很深奥，而基于 S4A 的互动媒体技术的门槛却真的很低！

技术本来就是一层"窗户纸"，一捅就破，关键是之前您可能不知道怎么去捅破这层"纸"。因此，我在博客上常常会呼吁更多的学校应该开设 Scratch 和 Arduino 方面的课程，把技术门槛放低，让更多的孩子有机会进入精彩的互动媒体世界，在动手中体验成功。

当然，这仅仅是一本"入门"书。从 Scratch 到 S4A，再从 S4A 到 Processing、Kinect，互动媒体的世界，等您一路探索。如果您是老师，或者是将来要从事技术教育的大学生，请思考如何把看起来深奥的新技术变得简单、有趣，然后吸引学生们爱上技术。

2013 年 8 月，第一届中小学 STEAM 教育创新论坛在温州举行，来自全国 13 个省的代表汇聚一堂，畅谈基础教育中综合课程的规划和实施。国内各大知名创客也纷纷参与，并出谋划策。STEAM 是 STEM 教育的拓展，"互动媒体技术"作为众多 STEAM 课程中的典型代表，受到了同行们的一致好评。

技术真的很好玩。让我们的孩子，像创客一样"玩"技术吧！